锂离子电池热失控产物特性及危险性评价

王志荣　陈施晨　著

科　学　出　版　社

北　京

内 容 简 介

本书以锂离子电池热失控产物为研究对象,详细论述了锂离子电池热失控各种产物的特性、生成机理和危险性。书中首先简要介绍了锂离子电池的运行原理、典型事故、滥用及热失控相关形式和过程,然后详尽阐述了热失控产物(喷射火焰和高温混合物、固体产物、气体产物)的特性及变化规律,揭示了热失控产物的生成过程、参数变化、理化特性等,探究了其危险性和程度,以及相关影响因素,最后建立了热失控危险性多参数评价方法,并对未来热失控产物测试技术进行了展望。

本书既可作为高等院校安全工程、应急技术与管理及相关工程类专业的本科生和研究生教材,也可供安全科学与工程及相关学科领域科研人员参考,还可供安全技术及管理人员参考。

图书在版编目(CIP)数据

锂离子电池热失控产物特性及危险性评价 / 王志荣,陈施晨著.
北京:科学出版社,2024.11. -- ISBN 978-7-03-079722-3

Ⅰ. TM912

中国国家版本馆 CIP 数据核字第 2024KA3010 号

责任编辑:牛宇锋 / 责任校对:王萌萌
责任印制:肖 兴 / 封面设计:图阅社

科 学 出 版 社 出版

北京东黄城根北街 16 号
邮政编码:100717
http://www.sciencep.com

北京富资园科技发展有限公司印刷
科学出版社发行 各地新华书店经销

*

2024 年 11 月第 一 版 开本:720×1000 1/16
2024 年 11 月第一次印刷 印张:13
字数:262 000

定价:128.00 元
(如有印装质量问题,我社负责调换)

前　言

锂离子电池具有高能量密度和无记忆效应等优点,使其成为便携式电子产品、电动工具和混合动力/纯电动汽车的首选储能设备。但是,锂离子电池在经历热滥用、电滥用和机械滥用时,可能会发生热失控现象,引发火灾或爆炸,造成生命危险和财产损失。热失控危害的源头主要是热失控过程中产生的喷射火焰,以及高温喷出物,包括固体产物和气体产物等。这些热失控产物具有高温高压、易燃易爆、有毒有害等特点,会威胁周围的人员和物体。因此,开展锂离子电池热失控产物特性及危险性评价研究工作,揭示热失控产物的产生规律和危害程度,有助于科学认识锂离子电池热失控产物的生成原理和危险特性,减小热失控危险,对锂离子电池事故应急救援具有一定的科学指导意义。

本书结构合理、内容全面,对锂离子电池热失控产物的特性和危险性评价分析进行了充分讨论,总结和归纳了目前锂离子电池热失控产物研究的先进成果和技术。本书既可作为高等院校安全工程、应急技术与管理及相关工程类专业本科生和研究生的教学科研用书,也可作为专业技术人员和安全管理人员的参考资料。

本书相关研究是在国家重点研发计划项目(2023YFC30099000)、国家自然科学基金项目(52474233、52272396、51874184)等资助下完成的。本书在撰写过程中得到了南京工业大学、南京信息职业技术学院等单位有关专家学者的大力支持,在此表示衷心感谢!

由于著者水平有限,书中难免存在不妥之处,敬请读者批评指正。

著　者

2024 年 8 月

目　　录

第1章 绪 论

近年来,伴随着人类即将面临的化石燃料枯竭的困境,人们对清洁能源的需求与日俱增,因而锂离子电池(lithium-ion battery,LIB)取得了长足的发展。自 1991 年锂离子电池商业化以来,广泛使用的笔记本电脑、智能手机、电动汽车(electric vehicle,EV)、混合动力电动汽车(hybrid electric vehicle,HEV)、插电式混合动力电动汽车(plug-in hybrid electric vehicle,PHEV)和储能系统(energy storage system,ESS)刺激了锂离子电池的快速增长。

锂离子电池因具有高电压、高能量密度、低成本和可重复充电等优点,成为消费类电子产品和电动新能源汽车的首选电力来源[1],特别是在电动汽车领域中的利用率不断提高[2],燃油汽车逐渐被新能源汽车取代。锂离子电池目前正作为电动汽车储能系统的核心组件。除了这些应用之外,锂离子电池还成为将电动汽车充电站与光伏电池和风能动力系统结合使用的最佳选择。锂离子电池在储能系统领域中具有无限的潜力,特别是与尚在发展中的家用太阳能系统(solar home system,SHS)和不断发展的新型电网相结合。可以预见,在今天和不久的将来,锂离子电池将在可再生能源和大幅减少碳排放方面发挥核心作用[3]。

与此同时,锂离子电池的性能、电池容量和安全问题等一直是消费者最关注的关键特征。为了满足消费者的需求,人们热切期待具有高能量密度的锂离子电池为便携式设备和电动汽车供电。为了获得更高的电池效率和能量密度,在商用锂离子电池问世之后,人们付出了非常多的努力来增强锂离子电池的相关性能,如锂离子电池制造商制造出更高能量密度和更薄的电池。但是,这可能会削弱其固有的安全性设计。正是这些尝试导致锂离子电池的各种安全问题[4],由此导致的事故也逐渐引起了人们对其安全性的重视[5,6]。

由于诺贝尔化学奖获得者——被誉为"锂离子电池之父"的 John B. Goodenough 的关注[7],电动汽车和储能系统的电池安全相关的问题已被公认为是锂离子电池应用中最紧迫的挑战。为了安全起见并满足相关法规的要求,在锂离子电池上市销售之前,必须通过模拟异常情况的安全测试。然而,在实际使用时,由于滥用或外部因素引起的电池破裂、烟雾、火灾或爆炸事件却常有报道。造成这些悲剧的最关键原因是锂离子电池模块或电池组的热失控行为。当锂离子电池在充电、放电或非工作状态遇到异常情况时[8],很容易发生热失控,从而进一步导致起火或爆炸。这种异常的情况通常被称为滥用过程,包括电滥用如内部短路[9]和过充电[10]等,机械滥用如机械冲击、压力、挤压、针刺等,热滥用如高温、外部火源[11,12]等,这些原因会导致热失控事故的发生[13]。尤其是在电池组中,电池发生的热失控会向相邻电池进行传播,同时会对电子器件造成破坏[14],因而引起了人们极大的关注。特别是在近些年来,锂离子电池电动汽车发生了许多灾难性的火灾事故[15](图 1.1)。2016 年 9 月初,三星电子发布了全球最大的召回通知,包含超过 200 万部 Galaxy Note 7 旗舰手机。之前,有一百多名早期客户报告了其手机发生了着火或爆炸。之后,三星召回所有 Galaxy Note 7 设备,并于 10 月完全停止销售。经过调查发现,来自电池供应商的两个微小而无意的生产缺陷造成了 Galaxy Note 7 的火灾隐患[3]。

图 1.1　美国 2020 年 12 月某电动汽车自燃事故(图片来自凤凰网)

1.1　锂离子电池简介

1.1.1　锂离子电池发展

在 20 世纪 70 年代后期,科学家开始开发锂离子电池这种可充电的电池。这种电池可为从便携式电子产品到电动汽车和手机在内的所有产品提供电能来源。2019 年诺贝尔化学奖授予了 John B. Goodenough、M. Stanley Whittingham 和 Akira Yoshino 三位科学家,以表彰他们在开发锂离子电池方面的工作。根据诺贝尔奖官方的说法,"这种轻巧、可充电和强大的电池现已用于从手机到笔记本电脑和电动汽车的所有领域。它还可以储存来自太阳能和风能的大量能量,使无化石燃料社会成为可能"。

在 20 世纪 70 年代的石油危机期间,当时为埃克森公司工作的英国化学家 M. Stanley Whittingham 开始探索一种新电池——可以在短时间内自行充电的电池,也许有一天它会促成无化石燃料能源的出现。在他开发的第一代锂电池中,使用二硫化钛和锂金属作为电极,但这种材料组合带来了一些挑战,包括严重的安全问题。在发生电池短路并着火后,埃克森公司决定停止实验。然而后来,在得克萨斯大学奥斯汀分校工作的 John B. Goodenough 却产生另一种想法。在 20 世纪 80 年代,他尝试使用钴酸锂作为正极而取代二硫化钛,得到了很好的结果:电池的能量潜力翻了一番。之后,日本的吉野彰(Akira Yoshino)又进行了一次材料的替换。他没有使用活性锂金属作为负极,而是尝试使用碳质材料石油焦,这导致了一个革命性的发现:新电池在没有锂金属的情况下不仅明显更安全,而且性能更稳定,从而生产了锂离子电池的第一个原型。

后来,自索尼公司和 A&T 电池公司在 1991 年和 1992 先后将锂离子电池商业化之后,锂离子电池由于性能优良、无记忆效应等特性,立刻被市场广为认可[16]。常见的锂离子电池有圆柱形、方形以及其他形状。圆柱形电池以索尼、三星、LG、三洋等品牌的 18650 型圆柱体电池为代表,此类电池的直径为 18mm,高度为 65mm,0 代表圆柱形。方形电池的体积、大小多根据实际使用的设备来定制生产。在实际使用中,多个单体电池通常采取串并联的方式形成电池模块来达到高电压、高容量的目的,然后各模块再组成电池组投入使用。

锂离子电池的商业化生产彻底改变了便携式电子产品的设计方式,新型手持电子设备重新定义了现代人类生活的各个方面。商业化后,锂离子电池经历了显著的性能提升。在正极基本保持不变的情况下,研究人员对负极和电解液进行了升级,以获得更高的能量密度、更高的充放电速率和更长的循环寿命。在对碳质负极的研究中,Dahn 等在 1995 年定义了三类不同材料:石墨、含氢炭和硬炭。这些材料的不同通用电压充放电曲线如图 1.2(a)所示[17]。与石墨和硬炭相比,含氢炭材料的容量很大,但在实际应用过程中,因脱锂过程中的过电位过大而被放弃[18]。东芝公司在 1995 的相关补充工作[19]发现,碳材料的比容量和充电稳定性取决于其间距 d_{002}。如图 1.2(b)所示,在 $d_{002} \approx 0.344nm$ 时比容量最小。通过减小间距(变得更石墨化)或增加间距(更趋向于硬炭),就可以提高比容量。与石墨一样,硬炭具有比软炭更高的容量,但没有与石墨相同的剥落问题,并且具有更强的稳定性。此外,与软炭($d_{002} = 0.344nm$)相比,硬炭的 d_{002}(>0.372nm)较大,在锂化时没有太大的体积变化(硬炭变化 1%,而石墨变化 10%[20]),即使在更高的充电电压[4.2V 全电池,钴酸锂($LiCoO_2$,LCO)为正极,硬炭为负极]下也能提供出色的可逆性[21]。因此,第二代锂离子电池不再使用软炭(焦炭),而是使用由炭化的高度交联聚合物(如酚醛树脂)生产的硬炭[22]。硬炭赋予负极优异的稳定性[23],同时第二代锂离子电池的体积和质量能量密度在当时预估能分别达到 220W·h/L 和 85W·h/kg,并可充电至 4.2V[24]。与第一代相比,体积能量密度和质量能量密度分别达到了 295W·h/L 和 129 W·h/kg[21]。然而,除了质量密度较低(石墨层之间的间距较大)外,硬炭的首次循环容量异常大,且不可逆。这在首次充电时消耗了正极的大量锂离子,最终需要额外的正极容量来补偿,从而降低了整体能量密度[18]。此外,硬炭(甚至软炭)的锂化/脱锂平台是倾斜的,而石墨的电压平台异常平坦。因此,石墨负极再次受到追捧。由于与碳酸丙烯酯(propylene carbonate,PC)溶剂形成不稳定的固态电解质界面(solid electrolyte interface,SEI),石墨最初使用时效果不佳。所以,需对电解液进行调整,最初是用碳酸乙烯酯(ethylene carbonate,EC)代替 PC。与 PC 相比,EC 能提供更稳定的 SEI 层,但熔点高达约 39℃。EC 必须与其他溶剂混合以在室温下保持液态,并且达到合适的黏度[25]。1990 年,Fong 等提议将 EC 和 PC 按 50∶50 的比例混合使用,并证明 EC 的掺入防止了 PC 共嵌到石墨结构中,最终降低了石墨的有害剥落[26]。这就限制了主要发生在首次放电循环中不可逆的 SEI 形成,并在随后的循环中能保持稳定。1995~1997 年,在电解液中将 EC 与 PC 和其他碳酸酯混合是在商业化锂离子电池中重新引入石墨的主要因素之一[27-29]。石墨的高容量仍然以可循环性为代价,这意味着硬炭并没有被完全放弃。石墨和硬炭各有优缺点,有些研究甚至将它们并为一谈[30]。然而,到 20 世纪 90 年代中期,大多数锂离子电池已经转向石墨负极[图 1.2(c)],到 1995 年,石墨负极已经占整个负极材料市场的一半以上,其余大部分由硬炭所占据[图 1.2(d)][31]。到 2010 年[图 1.2(e)],硬炭失去很多市场份额,并完全由石墨基材料主导。负极材料市场中硬炭的份额从未恢复(2016 年约为 7%),但近期仍有针对这种材料的相关研究[32]。如果硬炭巨大的初始不可逆容量可以避免,那么它仍然可以在市场上恢复份额。

至于正极,随着从 LCO 中提取的锂离子数量的增加,只需将 LCO 正极充电至更高的电压(4.5V 而不是 4.2V),能量密度即可提高 40%[34]。然而,高电压充电(>4.2V)可能不利于电池的循环稳定性和安全性。高度脱锂状态的 LCO 是有隐患的。其不稳定性导致了 LCO 颗粒的物理性开裂[35]、析氧、钴在负极的溶解和沉积[34],以及电解液分解[36]。人们研究了惰性材料的表面涂层,如 Al_2O_3、TiO_2 和 ZrO_2,用于防止电解液和 LCO 之间的直接接触,尝试运行大于 4.2V 电压的 LCO 正极[37]。

接近 20 世纪末,消费类电子产品用锂离子电池不再完全使用金属外壳和液体电解液,开始制造由塑料外壳制成的电池。这种电池有很多名称,但通常被称为锂聚合物电池。锂聚合物电池技术的核心是电解质的性质。理想情况下,锂聚合物电池应具有由聚合物膜(聚环氧乙烷和聚丙烯酸酯等)与锂盐混合而成的固态电解

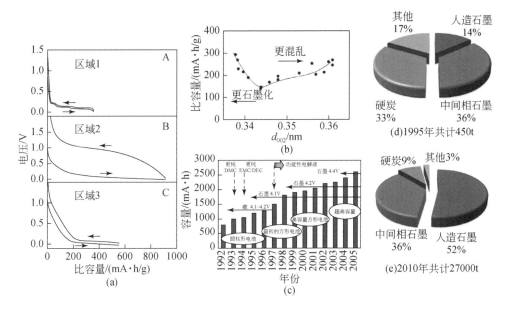

图 1.2　(a)石墨、含氢炭和硬炭的充放电曲线[17]；(b)炭类型和比容量之间的关系[19]；(c)1992～2005 年锂离子电池的绝对容量(mA·h)以及相应的技术趋势变化[33]；(d)1995 年和(e)2010 年各种负极材料的大致市场份额[31]

质，即为后来的环氧丙烷/环氧乙烷共聚物。然而，由于固态电解质的阻抗高，无液体锂聚合物电池只能在大于 60℃时工作。通过用电解质溶液膨胀聚合物膜，可以形成一种凝胶，这是固态和液体电解质之间的折中方案。最早用于凝胶的聚合物是高分子量聚环氧乙烷、聚丙烯腈和聚偏二氟乙烯。Bellcore 实验室使用的聚偏二氟乙烯/六氟丙烯共聚物引起了业界的广泛关注，但由于液体会与聚合物分离而导致研究被叫停。根据电解质和聚合物之间的相互作用，凝胶电解质可以非常有效地消除电池中的任何游离电解质溶液。索尼公司是第一家将聚合物与电解质溶液适当混合以获得不会泄漏任何液体的凝胶电解质的公司，并将其第三代锂离子电池实现商业化[28]。通过减少电池内游离液体的体积，坚固而笨重的重型电池壳(如金属外壳)则不再需要。通过减少包装质量，锂离子电池单位质量所能储存的能量增加。由于锂聚合物电池的制造比传统方法更加精简，成本也大大降低。锂聚合物电池的最后一个优点是安全性，除了使用较少的高度易燃的电解质，聚合物电解质还能够有效抑制锂枝晶的形成。

　　进入 21 世纪后，除了在消费类电子市场占据主导地位外，锂离子电池还被应用于电动工具和不间断电源。其中一些新的正极材料，如尖晶石型锰酸锂($LiMn_2O_4$，LMO)和橄榄石型磷酸铁锂($LiFePO_4$，LFP)逐渐被应用。然而，近 20 年来，对锂离子电池发展最为深远的影响则是电动汽车(EV)市场的不断壮大。交通电气化已被确定为人类减少温室气体排放的关键一环。如今,几乎所有主要的汽车制造商在其产品线上都至少拥有一种类型的混合动力汽车或纯电动汽车,而动力电池则是这些汽车稳定运行的核心部件。成本和安全性逐渐成为电动汽车的两个关键因素,研究人员将目光聚焦在更高能量密度和更加安全的正极材料上。其中最具影响力的正极材料是层状镍钴锰(Ni-Co-Mn,NCM,或称为镍锰钴 Ni-Mn-Co,NMC)氧化物和镍钴铝(Ni-Co-Al,NCA)氧化物,又称三元材料。与 LCO 相比,Ni 的成本更低,电压略低,从而减轻了负极电解质的分解。NCM 的主要优点是容量高,分解温度高,使用毒性较低的材料,用价格低廉的 Mn 替代 Co 和 Ni 从而降低了成本。最初,NCM 循环稳定性和电子电导率均低于 LCO。然而,在调整三种金属的比例时,电池性能会产生巨大变化,所以人们深入探索其原因以找到金属之间的最佳组合。每种金属在 NCM 中都有不同的作用,Ni 负责提供容量,因为 Ni 可以按 $Ni^{2+} \rightarrow Ni^{3+} \rightarrow Ni^{4+}$ 被氧化[38],而 Mn^{4+} 不具有电化学活性,保持了结构稳定性并能降低成本[39]。Co 可以在 Ni^{2+} 氧化后按 $Co^{2+} \rightarrow Co^{3+}$ 被氧化,阻止了 Ni 在 Li 区域的迁移。

通常认为,Ni 含量小于 60% 的正极材料已经完全商业化,而大于 80% 的材料仍在研发中,目前已取得初步成果。总体而言,Ni 基层状氧化物正极材料(NCM 和 NCA)的商业化相当成功,在 2016 年就占到了电池市场的 35%(图 1.3),这类正极材料有助于提高电动汽车的续航里程和降低成本。近年来,电动汽车的市场渗透率急剧增加,但随着层出不穷的热失控事故的发生,人们对三元材料的安全性十分担忧。同时,随着 LFP 材料能量密度的不断攀升,以 LFP 材料为正极的电池重新迅速抢占市场。

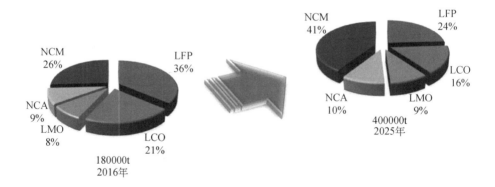

图 1.3　2016 年各类正极材料的市场占有量,并对 2025 年进行预测[33]

1.1.2　锂离子电池结构

　　锂离子电池通常由正极材料、负极材料、电解液(包括电解液溶剂和盐)及隔膜等关键部分组成。其余还包括涂布、黏合剂、集流体、导电剂及外壳等辅助材料。

　　目前市面上常见的、产业化生产的锂离子电池正极材料主要有层状结构材料(如 LCO)、橄榄石结构材料(如 LFP)、尖晶石结构材料(如 LMO)以及三元材料(如 NCM)等[40]。LCO 电池的比容量较高,但是地球上钴的丰度较低且其毒性较大;LFP 电池安全性高、环境友好,材料资源很丰富,但是能量密度低,大电流充放电性能差;LMO 电池安全性高、成本低,但是稳定性差、衰减快;三元材料兼顾了各方面的性能,容量相对较高,电池充放电稳定,成本可控,低温性能好[41]。三元材料是目前主流的锂离子电池的正极材料,图 1.4 展示了典型三元材料的超结构模型图[42]。

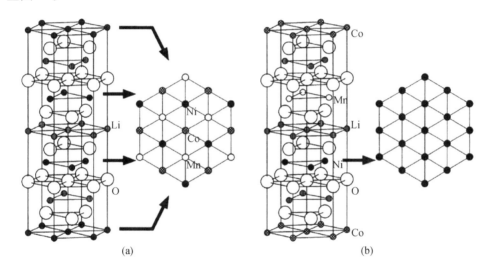

(a)　　　　　　　　　　　　　　　　(b)

图 1.4　三元材料 $Li[Co_{1/3}Ni_{1/3}Mn_{1/3}]O_2$ 的超结构模型图[42]:(a)由带有$[\sqrt{3}\times\sqrt{3}]$R30°超晶格的$[Co_{1/3}Ni_{1/3}Mn_{1/3}]O_2$平面组成的结构;(b)由交替的 CoO_2、NiO_2 和 MnO_2 平面组成的结构。图中的 Li、Co、Ni、Mn 和 O 离子分别用竖条纹填充圆、交叉线填充圆、实心填充圆、小空心圆和大空心圆表示

　　传统的锂离子电池负极材料主要是石墨以及钛酸锂($Li_4Ti_5O_{12}$,LTO)。石墨的理论比容量可达 $372mA \cdot h/g$,是市面上应用最广泛、最常见的负极材料。LTO 则主要应用于对容量密度要求不高的领域[43]。

　　锂离子电池电解液承担着使锂离子在电池内部自由流动的功能。一种性能良好的电解液应当具备以下特点:高离子电导率、高热稳定性和化学稳定性、较宽的电化学窗口及相容性等。电解液通常由溶剂、锂盐和添加剂等组成。常见的溶剂主要有环状碳酸酯(如 EC、PC)、链状碳酸酯[如碳酸二甲酯(dimethyl carbonate, DMC)、碳 酸 二 乙 酯(diethyl carbonate, DEC)、碳 酸 甲 乙 酯(ethyl methyl carbonate, EMC)]等。常见的锂盐有六氟磷酸锂($LiPF_6$)、六氟砷酸锂($LiAsF_6$)、高氯酸锂($LiClO_4$)和四氟硼酸锂($LiBF_4$)等。添加剂一般用于改善电解液的某些性能,如成膜添加剂、导电添加剂、阻燃添加剂、过充保护添加剂等[44]。

隔膜主要用于隔离正极和负极,以防止电池内部短路。同时,隔膜还要允许锂离子自由穿越[45]。常规的商业锂离子电池隔膜是由聚乙烯(polyethylene, PE)或聚丙烯(polypropylene, PP)制成的聚烯烃膜。厚度通常小于 $25\mu m$,孔隙率约为40%,以供锂离子通过[46]。

常见的商用锂离子电池的结构如图 1.5 所示,负极材料、负极集流体(铜箔)、负极材料、隔膜、正极材料、正极集流体(铝箔)、正极材料依次叠加,最后绕成卷状,放入电池壳体中,焊出正、负极极耳,并灌注电解液后封装。锂离子电池的电压由正负极材料体系的种类决定,在正负极材料体系的种类确定时,电池容量由材料的质量决定。

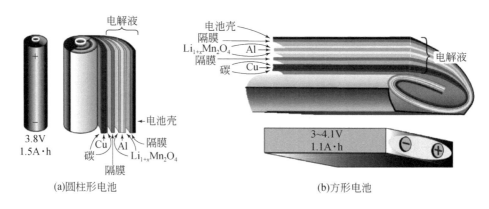

(a)圆柱形电池　　　　　　　　　　　　　(b)方形电池

图 1.5　圆柱形和方形电池的形状和内部组成(彩图请扫封底二维码)[47]

1.1.3　锂离子电池原理

在充电过程中,负极储存锂;在放电过程中,负极中的锂以锂离子的形式迁移到正极,产生外部电流来驱动用电设备。锂离子在正负极之间来回移动,所以锂离子电池又被称为"摇椅电池"[21](图 1.6)。

相关的氧化还原反应式如下(以钴酸锂电池为例):

$$充电过程$$

正极:　　　　　　　　　　$Li_xCoO_2 \longrightarrow CoO_2 + xLi^+ + xe^-$

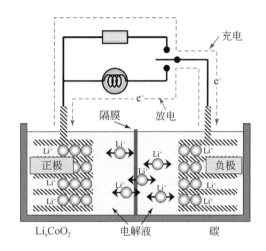

图 1.6 锂离子电池结构原理图[21]

$$负极： \quad 石墨 + x\mathrm{Li}^+ + x\mathrm{e}^- \longrightarrow \mathrm{Li}_x\mathrm{C}_6$$

放电过程

$$正极： \quad \mathrm{CoO}_2 + x\mathrm{Li}^+ + x\mathrm{e}^- \longrightarrow \mathrm{Li}_x\mathrm{CoO}_2$$

$$负极： \quad \mathrm{Li}_x\mathrm{C}_6 \longrightarrow 石墨 + x\mathrm{Li}^+ + x\mathrm{e}^-$$

总反应

$$y\mathrm{C} + \mathrm{Li(Z)O}_2 \Longleftrightarrow \mathrm{Li}_x\mathrm{C}_y + \mathrm{Li}_{1-x}(\mathrm{Z})\mathrm{O}_2$$

其中，$x \approx 0.5$，$y = 6$，Z 为钴（或镍、锰）。

1.2 锂离子电池典型事故

除电动汽车外，锂离子电池还广泛用于电子烟、智能手机、笔记本电脑、电动滑板车、飞机辅助动力装置等领域。在实际使用的过程中，新闻媒体已经报道了许多由锂离子电池导致的火灾事故，部分引起关注的事故见表 1.1。

表 1.1 锂离子电池部分事故

时间和地点	设备	事故
2018 年，中国广州	移动电源	中国南方航空股份有限公司航班，客舱头顶行李架上的行李发生火灾
2019 年，中国香港	移动电源	在文莱皇家航空公司航班上，登机时起火
2007 年，美国洛杉矶	笔记本电脑电池	笔记本电脑爆炸
2018 年，中国赣州	电动滑板车	高速行驶时突然起火

时间和地点	设备	事故
2019 年,中国	电动滑板车	在停车充电时起火
2019 年,韩国	电动滑板车	充电时烧毁
2017 年,美国佛罗里达	某电动汽车	撞击棕榈树并着火
2017 年,奥地利	某电动汽车	撞上混凝土障碍并起火
2013 年,美国印第安纳波利斯	某电动汽车	与树木和建筑物相撞并起火
2018 年,比利时	某电动汽车	在超级充电器充电时着火
2017 年,美国山景城	某电动汽车	撞击路障后着火

以上列举的事故引起了一定范围内的大量关注和报道。除此之外,还有部分由锂离子电池引发的事故具有一定的复杂性和代表性,相关调查方对事故进行了详细的调查,并出具了调查报告。下面将列举并分析几起典型的锂离子电池热失控事故。

1.2.1　2010 年某飞机货机空难事故

2010 年 9 月 3 日,某货机从机场起飞之后不久,发生货舱失火,尽管飞行员控制飞机紧急返航,但因最终失控,副机长为避免更多伤亡将飞机带向无人区坠毁,两名飞行员丧生。最终事故原因被认定为飞机上所带货物中的上千颗锂离子电池起火,导致火势蔓延。

事故发生后,负责调查的政府部门对锂离子电池进行了测试,发现并得出了以下结论:

(1)在单体电池级别,与其他普通材料相比,锂和锂离子型电池的能量释放率相对较小;

(2)除了导致燃烧的电池释放能量外,还有相关的机械能释放。这种机械能释放能够损坏外包装的完整性并产生剧烈燃烧;

(3)锂(一次)电池往往比锂(二次)电池表现出更多的能量失效故障;

(4)一盒 100 个锂离子电池释放的总能量,可以根据单电池的量热数据准确预测;

(5)锂离子电池的热失控能够在电池封装内从一个单元扩散到另一个单元;

(6)锂离子电池的热失控能够导致相邻的可燃物被点燃;

(7)电池过热有可能产生热失控,连锁反应导致自加热和电池能量释放;

(8)在火灾情况下,货舱火灾中的空气温度可能高于锂的自燃温度,基于这个原因,未参与初始火灾的电池可能会被点燃和传播热失控,从而发生灾难性的事故；

(9)风险的存在和程度将取决于飞机上电池的总数和类型、电池之间的距离，以及现有的风险应急措施等因素，其中可能包括飞机上的灭火系统类型、电池的防火包装和装载方法。

大量锂离子电池发生的火灾是一种可以自我维持的化学反应。电池火灾是一种电气火灾，为了扑灭火灾，必须停止短路并降低温度，因为在热失控期间短路现象发生在电池内部，只有热失控得以停止，才能控制火灾燃烧。如果不加以控制，电池的能量会扩散到相邻电池，从而产生连锁反应。锂离子电池的爆炸威力很容易损坏货舱(还可能产生穿孔)，或使货舱中的泄压板打开。这两种情况中的任何一种都可能导致灭火器失效，从而使货舱内的火势迅速蔓延到其他易燃材料上。当时锂离子电池虽被归为危险货物，但大多数小型锂离子电池和使用电池的设备并无相关规定的约束。由于这一例外，在飞机上不必向机长报备这些物品[48]。

1.2.2　2017 年某电动汽车撞车起火事故

2017 年 8 月 25 日，一辆运动型多功能电动汽车在公路上行驶时，驾驶员失去了对车辆的控制，随后车辆偏离了道路。车辆穿过人行道、园林路堤、排水沟，与排水涵洞相撞，随后驶进一家庭车库并撞击了一辆停在露天车库的燃油轿车。车祸引发了大火，大火从电动汽车蔓延到燃油轿车、车库和房子。消防人员扑灭最初的撞车火灾之后，该电动汽车在被装载到平板拖车上以及在拖车场卸货时发生了电池热失控事故。

由撞击现场事故图片(图 1.7)来看，火焰从车辆的下前部散发出来，并引燃了房屋结构。随后车辆在拖车上开始冒烟并发出爆裂的声音和火光，但最终没有发生剧烈燃烧(图 1.8)。根据事故的调查和报道显示，电池组的损害是发生火灾事故的主要原因。电池火灾在初期被扑灭后，还有重新发生热失控的可能，这也是最终造成电动汽车驾驶员和拖车驾驶员的手臂烧伤的原因[49]。

图 1.7　撞击事故后火灾现场[49]

图 1.8　在拖车上发生二次火灾[49]

1.2.3　2019 年某电池储能系统爆炸事故

2019 年 4 月 19 日,某电池储能系统发生爆炸,造成四名消防员受重伤。该电池储能系统于 2017 年投入使用,由 10584 个三元镍锰钴电池组成,电池安装于步入式外壳内的模块和机架中。该系统设计有清洁型灭火系统、早期的烟雾探测装置和空气调节系统。

根据事故调查报告[50],这是一次广泛的级联热失控事件,初始源头是位于支架、模组内的单体电池发生了故障。但是,电池灭火系统却未能在第一时间阻止该电池的热失控,导致火灾蔓延至周边其他电池。而随后的大规模热失控火灾中,电池灭火系统也显得无能为力。随后,电池大规模热失控,产生了大量的可燃气体,并发生积聚,而此时没有经过相关电池系统培训的消防员赶到,打开了储能设施的大门,使得氧气进入,引发大规模爆炸(图 1.9)。此事故造成了四名消防员重伤。

图 1.9　事故后现场照片[50]

事故调查报告从天气、建筑施工、储能系统、个人防护装备、事件叙述及火灾和爆燃动力学等方面确定了导致发生事故的原因:

(1)运行规范没有要求安装火灾和烟雾探测系统,也没有要求安装能够提供有关易燃气体存在信息的传感器。危险物处理团队无法从安全的位置探测有毒气体浓度、可燃气体爆炸下限或储能系统内部的条件。

(2)在危险物处理团队到达事故现场之前,储能系统的通信部分出现故障。维护储能系统的人员和消防部门无法使用该系统了解装置内部的情况。

(3)在事故发生前,消防人员没有收到过该装置发生事故后的应急响应预案。运行规范或标准也没有要求需要提前公布应急响应预案。

(4)临时向现场消防人员公布的应急响应预案虽然符合事故发生时的运行规范或标准,但并没有为减轻储能系统热失控、火灾和爆炸提供足够的指导。

(5)储能系统的设计缺少针对爆燃的通风或充分的机械通风装置,该类装置用于防止易燃气体积聚超过爆炸下限浓度。在储能系统投入使用时,相应的规范也没有要求安装这些装置。

(6)清洁型灭火系统在事故的早期阶段阻止了燃烧,但该系统不是为防爆设计的,也没有提供防爆保护。

1.2.4 2021 年某储能电站较大火灾事故

2021 年 4 月 16 日,某光储充一体化的储能系统发生火灾爆炸[51],造成 1 名值班电工遇难、2 名消防员牺牲、1 名消防员受伤,火灾直接财产损失 1660.81 万元。项目储能电池柜安装于北楼、南楼两栋建筑内,使用圆柱形磷酸铁锂电池。当日 11 时 50 分,巡查人员发现南楼西电池间南侧电池柜起火冒烟,随即使用现场灭火器处置。然而明火被扑灭后不断复燃,虽此时已经切断交流侧与储能系统的连接并停用光伏系统,但大量烟雾从南楼内冒出,并不时伴有爆燃。12 时 24 分,消防救援人员到达现场,发现南楼西电池间电池着火,并不时伴有爆炸声,东电池间未发现明火,现场无被困人员,随即开展灭火救援。14 时 13 分 16 秒,北楼发生爆炸。23 时 40 分,明火彻底扑灭,随后持续对现场冷却 40h。

综合分析发生发现,南楼起火的直接原因是西电池间内的磷酸铁锂电池发生内部短路故障,引发电池热失控起火;北楼爆炸直接原因是南楼事故产生的易燃易爆组分通过电缆沟进入北楼储能室并扩散,与空气混合形成爆炸性气体,遇电气火花发生爆炸(图 1.10)。

图 1.10　现场起火照片(图片来自凤凰网)

1.3　锂离子电池滥用及热失控

1.3.1　锂离子电池滥用形式

　　锂离子电池的滥用通常是指电池在非正常工况下的储存或使用,通常包括热滥用、电滥用和机械滥用。

　　锂离子电池的热滥用主要包括高温滥用(如外部加热和遭受火灾)和低温滥用。在高温下使用时,电池内部会发生一系列放热链式反应,即前一阶段副反应释放的热量会由于无法及时完全散热而使电池温度不断升高。而温度的升高会引发下一阶段的副反应,导致不可控制的温度上升,最终引发热失控。温度的升高还会造成隔膜的热缩,加剧正负极之间内部短路现象,还会导致电解液的沸腾,引发更多更复杂的副反应[52]。而电池在低温下使用时,会发生析锂和生成锂枝晶。长期在低温环境下使用,会使内部锂枝晶不断生长,最终刺穿隔膜,造成内部短路,使得电池温度持续上升,最终发生热失控。高温过热是导致热失控的最终因素,电滥用中的过充电、外部短路、有缺陷电池的内部短路,以及环境温度升高[53]等最终都是电池温度升高的原因。Ouyang 等[54]观察到锂离子电池过充电期间电池内阻急剧增加,导致表面温度升高,引发热失控和爆炸(图 1.11),在相关文献[55-57]中也有了类似的结果。在 Kitoh 和 Nemoto 的工作[58]中,100W·h 锂离子电池在 10V、1C*

---

　　*　C 表示电池充放电能力倍率。

恒流下充电,电流在 368K 时迅速下降。Han 等[59]发现将 6A·h 锂离子电池以 1C 恒流充电 5h,最终发生爆炸。Leising 等[60]使用 1.7A·h 棱柱形锂离子电池来观察过充电的影响,发现隔膜温度达到约 132℃。在 Larsson 和 Mellander 的工作[61]中,一个 45A·h 的软包电池以 2C 速率充电,在达到 115% 荷电状态(state of charge,SOC)后 5min 立即爆炸。

图 1.11　电池热失控燃烧过程[53]

锂离子电池的电滥用主要包括外部短路、内部短路、过放电和过充电等。外部短路和内部短路会使电池的温度升高,如果持续升高,可能会引发热失控。过放电通常不会直接导致锂离子电池的热失控。但随着过放电的进行，锂离子电池的负极电位不断增高，铜集流体将被溶解，并迁移到正极后发生沉积，从而导致正极上铜枝晶不断生长，触发锂离子电池的内部短路。而过充电产生的影响是过量的锂嵌入负极，在负极表面生长锂枝晶刺穿隔膜。其次是过量的锂从正极脱出，引起正极结构坍塌，放出热量和释放出氧。氧气会加速电解液的分解，电池内压不断升高，一定程度后安全阀开启，使得活性物质和空气进一步接触，产生更多的热量，最终引发热失控[51]。特别的是，当电池在低温（特别是低于 25℃）下过充电时，就会产生析锂，长期下来引发热失控。Ouyang 等[62]报道，锂离子电池在某种程度上可能会由于电池组中电池之间不可避免的容量差异而承受过充电或过放电，而为了保持 SOC 相同，最终导致电池组失效。或者，过充电可能是对电极施加高电流密度或激进充电曲线[63]引起的。锂枝晶是负极表面上出现的主要危害，其会受充电过程的影响，最终导致隔膜损坏和随后的内部短路。Orsini 等[64]报道了充电电流和锂枝晶形成之间的密切关系。除此之外，较大的电流密度促进了严重锂枝晶的形成（图 1.12）。锂枝晶的生长还会产生多米诺效应，例如，锂金属在负极上的不断积累，电解液和正极材料的分解导致易燃气体的产生。此外，Dollé 等[65]报道锂枝晶在聚合物绝缘体周围和朝向聚合物绝缘体的方向生长，覆盖聚合物表面，随后导致电极之间的短路。研究发现，锂枝晶是通过电沉积和电溶解发生的，这反映了它们的膨胀或收缩[66]。使用文献[66]中开发的分析模型，可以观察到四种独特的模式，即抑制（受阻生长）、穿透（锂枝晶覆盖隔板表面）、穿透（隔板层内的生长）和短路（电极之间的连接）。

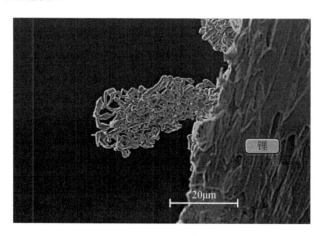

图 1.12　在 2.2mA/cm² 电池密度下充电一次后形成的锂枝晶[64]

锂离子电池的机械滥用通常包括跌落、针刺、撞击等。在这种模式下，电池或其外壳由于遭受到外部负载而变形，来自外壳的负载被传递到电池的内部组件中，导致内部组件变形。其中,隔膜变形导致本应该隔离正极和负极材料的隔膜失效,使正负极之间实现了接触,从而造成内部短路,内部短路使得电池温度迅速升高而发生热失控[67]。所有形式的机械滥用最终都会触发内部短路。内部短路是导致过热并最终触发热失控的另一种现象。内部短路的主要原因是缺陷或穿透。

因此,当滥用超出电池可容许的范围时,就会触发电池内部的有害反应并提高电池的温度,并且荷电状态、电极材料、电解质和隔膜对温度上升的速率有很大影响。因此,在高温下,电池内部会引发一系列事件,如 SEI 分解、负极-电解液反应、电解质分解、压力积聚、隔膜熔化和正极击穿。最终,这些事件会增加电池的内部温度,从而触发热失控,增加更多的热量,导致电解液自燃并起火。电池外部发生的现象包括气体通过安全阀排气孔释放,内部电池材料燃烧时发出越来越大的嘶嘶声。在较高的内部压力下,安全阀破裂释放生成的气体,气体积聚,引发火灾和随后的爆炸[15]。

1.3.2　锂离子电池热失控过程

锂离子电池最适宜的工作温度为 20～40℃[68,69]。当温度升高就会导致一系列的化学反应发生,如 SEI 的分解[70],负极和电解液之间的反应[71],电解质盐中的锂离子与电解液溶剂之间的反应[72,73],以及正极材料[74]和电解液自身的分解[11,75]。特别是电池在高温下其内部会发生失控的放热反应[76],随着温度升高,放热反应产生的热量超过电池所能散发出去的热量,电池就会进入自加热状态[77,78]。最后反应失去控制,导致热失控发生[79]。热失控会经历复杂的反应过程[71,80],并导致严重的火灾和爆炸[81]。热失控期间会产生大量的热量,发生热失控的电池可能会在最剧烈喷射的时刻放出大量热失控产物,如气体[82]、颗粒物固体粉末、烟雾[83]、火焰,甚至产生带有飞溅火花的爆炸[84](图 1.13),这些都是热失控危险的主要来源。一旦发生电池失效,不受控制的热能可能会传播到相邻的电池(热传播),如果持续发生,可能会导致整个电池组系统的严重事故。

图 1.13　2×2 排布方式下锂离子电池热失控燃烧过程[85]

Lei 等[86]在对 100% SOC 的 18650 型锂离子电池进行外部加热测试中发现了热失控的三个关键阶段:约 90℃时气体逸出;110℃时热失控开始;200℃时正极和电解液之间发生放热反应。一旦热失控开始,整个过程就伴随着易燃气体的形成,如 H_2、CO、CO_2、CH_4、C_2H_6、C_3H_6、C_3H_8[87]和 O_2[88,63]。过度脱锂的正极产生 O_2,促使正极表面的电解氧化,并导致 CO_2 生成[89],而 CO、CH_4、C_2H_4 和 C_2H_6 是由于负极表面的还原反应而生成的[52]。此外,在高温滥用情况下,可能会由于电解质和聚偏氟乙烯黏合剂的分解产生大量的有毒化合物,如氟化氢(HF)、五氟化磷(PF_5)、三氟氧化磷(POF_3)等[90]。其他有毒气体为来自自催化反应的烷基氟化物、氟化磷化合物、烷基二氟磷酸盐(OPF_2OR)和二烷基氟磷酸盐[$OPF(OR)_2$]等[91]。然而,各种气体的形成可能在很大程度上取决于电极材料、温度和工作状态(充电、放电、过充电、过放电)等。

自 20 世纪 90 年代用碳酸酯电解液对碳负极进行首次产热研究以来[92-95],负极表面的 SEI 被认为是高温下电池中最脆弱的部分,SEI 分解是热滥用情况下首先发生的放热反应[15,46,63]。在循环工作的负极上进行的大多数产热测量都显示了在 60~150℃内出现了一个小的放热峰[在不同情况下有所不同,如图 1.14(a)和(d)所示]。该放热反应的自加热速率的斜率不随负极的 SOC[94,95]或比表面积而改变[96],可见,其内部发生了相同的反应。此外,能够影响 SEI 的数量、组成或特性的不同条件[例如,图 1.14(d)中的负极颗粒比表面积]将导致不同的自加热速率[97-99],所以 SEI 分解正是基于这个峰的原因。

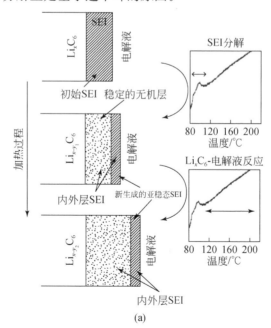

(a)

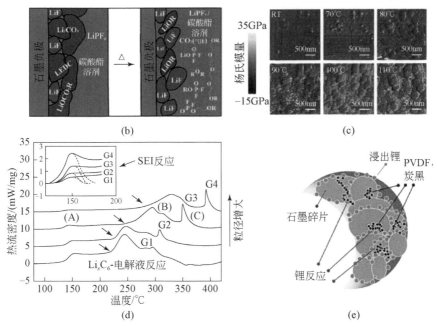

图 1.14　负极相关的热反应:(a)电解液中的锂化碳电极暴露在高温下时产生热量的反应机理
示意图。SEI 的亚稳组分分解并形成稳定的 SEI 无机内层。锂化负极不断与电解液反应,形成
新的亚稳外层,总 SEI 变厚[94]。(b) SEI 组分与 LiPF₆ 分解反应的示意图。DMC 中,Li₂CO₃ 和
LiPF₆ 的热分解生成 CO₂、LiF 和 F₂PO₂Li。DMC 中,碳酸二甲酯锂(lithium methyl carbonate,
LMC)和二碳酸乙烯锂(lithium ethylene dicarbonate,LEDC)与 LiPF₆ 的热分解导致了复杂混合
物的产生,包括 CO₂、LiF、醚、磷酸盐和氟磷酸盐[100]。(c)加热后 SEI 杨氏模量映射的原子力显
微图像。杨氏模量随着加热温度的升高而增加,表明较软的有机 SEI 分解成更硬的组分[101]。
(d)用电解液完全锂化的状态下,四个含不同粒径的石墨电极的差示扫描量热(differential
scanning calorimetry,DSC)曲线,SEI 热流变化显示其产热随粒径的增大而增加[99]。(e)加热时
石墨片边缘的锂浸出和反应过程示意图(彩图请扫封底二维码)[102]

　　伴随着 SEI(图 1.15)分解,部分锂化负极表面可能直接与电解液接触,并开始
更加剧烈的氧化还原反应(不同研究表明,从大约 120℃ 到 350℃)。锂化负极和电
解液之间的氧化还原反应在绝热加速量热(accelerating rate calorimetry,ARC)测
试中通常表现为稳定增加的加热斜率[图 1.14(a)]或 DSC 曲线上的显著放热峰
[图 1.14(d)]。由于这些氧化还原反应类似于 SEI 生成反应(负极表面的电解质
还原)[103],其也被称为"SEI 再生"反应[70]。大多数研究都认识到 EC 在负极-电解
液反应中会产生最多的热量[104,105],而 LiPF₆ 与杂质水能提供酸性成分,显著促进
氧化还原反应[104,106,107]。一些研究还表明,在相同的温度范围内,有机 SEI 组分可
以进一步与锂化负极反应。

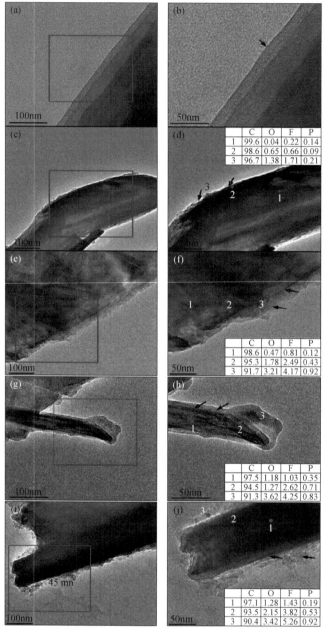

图 1.15　在 1.2mol/L LiPF₆/EC 电解液中,石墨负极上新鲜石墨电极和在 4 种截止电压下首次充电循环后形成的 SEI 的透射电子显微(TEM)图像:(a,b)新鲜石墨电极,(c)1.5V,(e)0.6V,(g)0.1V,(i)0.05V;(d)、(f)、(h)和(j)显示了能量色散 X 射线谱(energy dispersive X-ray spectroscopy,EDS)检测到的元素组成(单位:%);箭头表示 SEI 层和石墨的边缘,圆点表示 EDS 探测的位置[108](彩图请扫封底二维码)

在 250～500℃,放热反应通常归因于锂化负极和黏合剂之间的反应[109-111],金属锂从颗粒表面浸出并与黏合剂反应[图 1.14(e)][102]。热量的产生因黏合剂浓度和成分而异[112,113]。

在高温(>170℃)下,脱锂的层状氧化物正极材料稳定性较差[114-116]。层状(LiMO$_2$ 或 MO$_2$ 型,R$\bar{3}$m)会变为尖晶石结构(LiM$_2$O$_4$ 或 M$_3$O$_4$ 型,Fd$\bar{3}$m),然后是岩盐相(MO 型,Fm$\bar{3}$m)[图 1.16(a)～(c),M 代表过渡金属:Ni、Co、Mn 或 Al][117-119]。在极端高温或高压下,岩盐相可以进一步转变为金属相[120,121]。大多数可能的相变过程会释放氧气(单线态氧、氧自由基或气态形式),如图 1.16(c)和(d)所示[4,122,123]。当使用密封的高温样品坩埚时,相变通常在 DSC 曲线中显示出单个放热峰[图 1.16(e)][124],或在敞口坩埚(允许气体释放)中表现出数个放热/吸热峰[125]。有研究报道,随着镍含量的增加(理论能量密度的增加),材料的热稳定性变差[126,127]。详细地,从较低的温度开始的多步骤的相变[图 1.16(d)～(f)],会释放更多的热量[图 1.16(e)]和氧气[图 1.16(d)]。

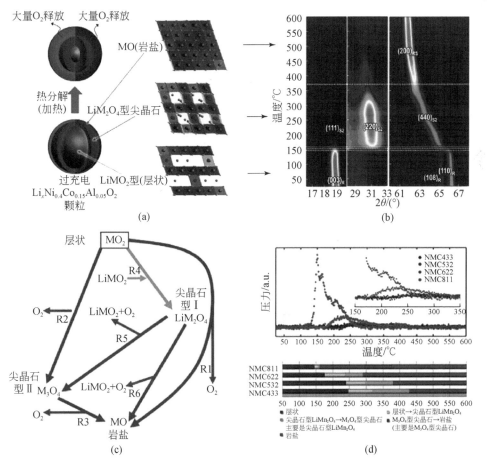

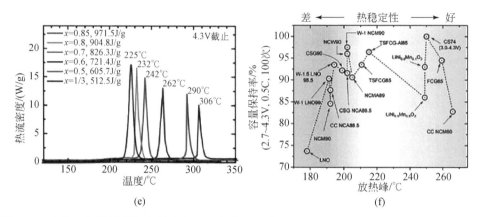

图 1.16　富镍正极材料的热失效路径：(a)加热过程中 $Li_x Ni_{0.8} Co_{0.15} Al_{0.05} O_2$ 正极热分解示意图[119]；(b)充电后的 NCM811 正极在选定的 2θ 范围内的 X 射线衍射(X-ray diffraction, XRD)等高线图[127]；(c)脱锂层状氧化物正极材料的可能的分解路径[123]；(d)在 XRD 测量期间同时收集的氧质谱图(O_2, $m/z=32$)(上图)，以及 NCM 样品相变的相应温度区域(下图)[123]；(e)充电至 4.3V 的 $Li(Ni_x Co_y Mn_z)O_2$ 材料($x=1/3$、0.5、0.6、0.7、0.8 和 0.85)的 DSC 曲线[124]；(f)不同富镍正极材料的结构和热稳定性(彩图请扫封底二维码)[128]

　　除了正极材料的热诱导结构变化外，正极电解质界面(cathode electrolyte interphase, CEI)组分，如 Li_2CO_3，能在高温下分解并释放 CO_2 气体[图 1.17(a)][122,129]。CO_2 也可能来自电池内部含碳成分的氧化，如电解液和黏合剂[122,130,131]。电池成分的氧化行为还会导致大量热量的产生[图 1.17(b)]，并释放多种气体(CO、CO_2 和气态水等)[132]。

　　市售的碳酸酯电解液在高温下很脆弱。其中溶剂从 90℃ 开始蒸发，如果与氧气或空气混合，则很容易燃烧，释放出相当多的热量(表 1.2)。$LiPF_6$ 在 $100\sim 200℃$ 之间分解，生成 LiF 和酸性 PF_5[137-139]。在有质子杂质(H_2O 和 EtOH)的情况下，$LiPF_6$ 从 90℃ 可以产生 HF 和 PF_3[140,141]。酸性副反应产物如 POF_3、PF_5、HF，可以进一步与其他电池组分(如 SEI、碳酸酯溶剂、负极、正极)发生反应，造成电池材料的持续损失[106,142-144]。

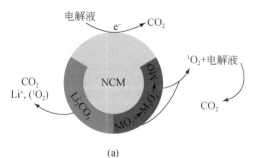

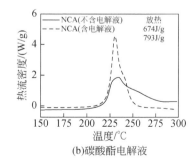

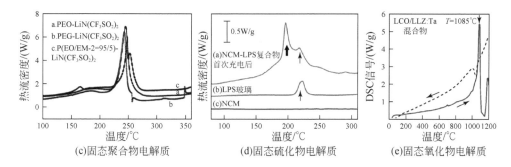

图 1.17 正极和电解液之间的反应：(a)正极和电解液之间的反应示意图[122]；(b)Li$_{0.1}$Ni$_{0.8}$Co$_{0.15}$Al$_{0.05}$O$_2$正极与 1mol/L LiPF$_6$溶解于 EC/DMC(1/1,体积比)的电解液的 DSC 曲线[133]；(c)充电后的富锂正极与多聚合物固态电解质的 DSC 曲线[134]；(d)充满电 NCM111 正极与 75Li$_2$S·25P$_2$S$_5$(LPS)固态电解质的 DSC 曲线[135]；(e)LCO/LLZ:Ta 混合物的 DSC 曲线,实线代表从室温加热到 1200℃的过程,虚线代表冷却过程[136]

表 1.2 碳酸酯溶剂的性质

溶剂	EC	PC	DMC	DEC	EMC	数据来源文献
结构						
沸点/℃	248	241.9	90	126.8	109	[145]
闪点/℃	160	135	18	31	23	[145]
分解热/(kJ/mol)（含 LiPF$_6$溶质）	−64.9704	−57.6402	3.753	−23.3272	−24.6974	[145]
完全氧化焓/(kJ/mol)	−1180.6	−1817.3	−1429.2	−2072.1	−2715.0	[123]
部分氧化焓/(kJ/mol)	−43.0	−111.0	−5.8	−80.0	−154.1	[146]

　　使用最广泛的市售隔膜是基于聚烯烃微孔膜,包括聚乙烯(PE)和聚丙烯(PP)材质的[147,148]。在高温下,基于 PP/PE 的隔膜在失效时的步骤为:熔融(PE:135℃,PP:165℃),孔隙闭合,收缩明显,最后坍塌,导致大规模内部短路[图 1.18(a)][149,150]。纯 PE 隔膜在其熔点 135℃时基本塌陷。然而,对于附有陶瓷涂层的基于 PE/PP 隔膜可以承受高于 250℃的温度[151,152]。将聚合物、硫化物和氧化物固态电解质的热分解温度与基于 EC 和 LiPF$_6$的电解液的热分解温度进行比较,如图 1.18(b)所示。复合聚合物固态电解质(中心温度约为 250℃)表现出与市售 LiPF$_6$不同的热分解温度(中心温度约 200℃)。有研究报道,单个硫化物和氧化物固态电解质表现出

更好的热稳定性,它们的分解温度分别集中在大约 600 和 1100℃[153-157]。

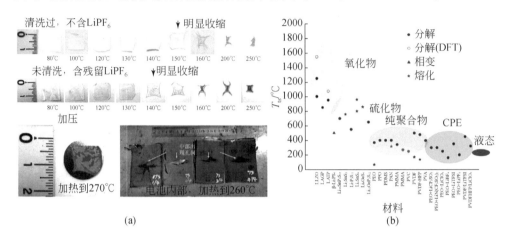

图 1.18　聚烯烃隔膜和固态电解质的热稳定性:(a)附有/不附有 LiPF₆ 涂层的 PE 隔膜的热失效过程[152];(b)不同固态电解质和市售液态电解液的分解温度(CPE:复合聚合物电解质)[157]

市售锂离子电池大多采用铝箔作为正极集流体,负极采用铜箔作为集流体。有研究报道,当温度高于 50℃时,铜会被电解液中的杂质氧化[158]。在过放电的情况下,铜集流体也会溶解到电解液中,并在充电过程中重新沉积在电极表面,导致内部短路,最终可能导致热失控[159]。铜在高于 400℃的温度下会与氧气连续发生反应[160]。而铝集流体在高温下可能会失去表面钝化,然后经历持续腐蚀[161]。最近研究发现,铝集流体可以在超过 1000℃的极高温度下参与热失控过程中激烈的氧化还原反应[121]。

Zhong 等[162]采用优化的锥形量热仪对 18650 型锂离子电池进行了热失控测试。通过自研的加热体对电池进行加热,并测量了电池热失控过程中相关温度和电压的变化。研究发现,当电池发生热失控时,电池的表面温度会急剧上升。电池的电压在安全阀开启时和热失控发生火焰喷射时都急剧下降,但在此时间段内,有时电压会略有增加。研究分析,电压的第一次急剧下降可能是由隔膜的热收缩引起,正极材料和负极材料在原来隔膜的边缘处发生接触。Ping 等[163]分析了锂离子电池的火灾行为和危险性。研究使用锥形量热仪的辐射锥对电池进行加热,利用悬挂在电池顶部的 K 型热电偶(响应时间:1s)来测量热失控喷射火焰过程中的火焰温度,见图 1.19。研究表明,如果电池已经发生燃烧,则冷却降低电池温度是非常必要的措施。如果起初的电池火灾可以扑灭,则电池的危险性就可以控制在可接受的水平。否则,周围人员应当立刻远离电池,并使电池处于周围无可燃物的环境中。

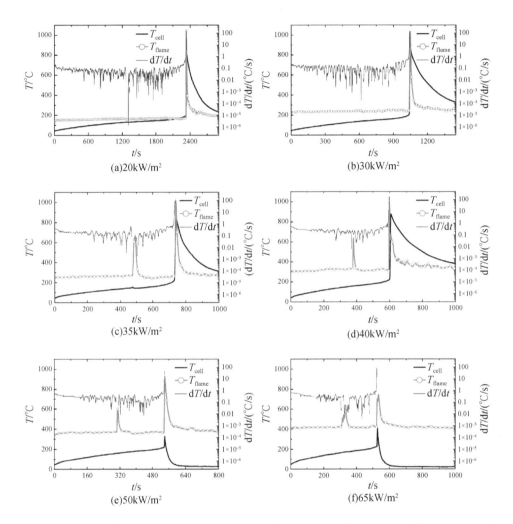

图 1.19 锥形量热仪加热强度分别为(a)20kW/m²、(b)30kW/m²、(c)35kW/m²、(d)40kW/m²、
(e)50kW/m² 和(f)65kW/m² 时锂离子电池热失控表面和火焰温度变化图(彩图请扫封底
二维码)[163]

　　Zou 等[164]将 100% 充电状态的 38A·h NCM/石墨方形锂离子电池加热至热
失控。实验时在电池顶部垂直放置 10 个 K 型热电偶,以测量热失控产生的射流温
度,并用高速摄像机获取射流速度。在热失控过程中,气体释放后射流温度迅速上
升,并在延迟 5～10s 后达到峰值。Mao 等[165]使用数字摄像机和图像处理法测量
了热失控燃烧火焰在热失控期间内的高度,实验中 18650 型三元锂离子电池热失
控火焰的峰值高度为(0.304±0.042)m。Chen 等[166]使用高清高速摄像机捕捉
21700 型三元锂离子电池热失控的演变过程,并分析了瞬时火焰高度,三次实验的

最大计算火焰高度分别为(318.5 ± 31.9)mm、(318.0 ± 31.8)mm 和(333.3 ± 33.3)mm。

然而,由于热失控会发生强烈的爆燃,常规的热电偶很难保持在原位不受干扰,甚至会受到高温、高速射流的冲击而损坏,同时,热电偶的响应也不够快,无法实现高精度记录温度变化数据[163,164]。

近年来,红外热成像仪逐渐被应用于锂离子电池性能测试和热失控实验的研究。Zhu 等[167]设计了一种特殊的电池,可借助红外热成像仪在充放电过程中对电池内部的温度进行实时监控。如图 1.20 所示,实验结果表明,红外测温对电池性能没有不良影响。Weng 等[168]利用红外热成像仪记录了锂离子电池横向热失控传播中的热成像数据。因为实验的红外图像中,电池正极附近的温度略高,所以可以推测热失控时此处有气体积聚。

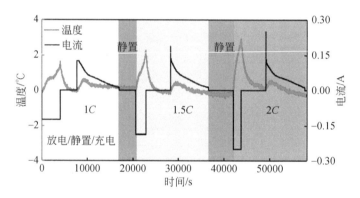

图 1.20 在不同充放电速率下横截面处的电池内部平均温度变化曲线[167]

热失控喷射放出的气体除了有毒和易燃的特性外,短时间内释放出的大量气体也可能会提高电池周围环境的气压。满电量的锂离子电池热失控释放压力的曲线已经通过密闭设备实验观察到。Hsieh 等[169]通过实验模拟了电池热失控,并通过压力传感器测量了包括开始压力和最大压力在内的热失控压力曲线。Jhu 等[170]使用带有全密闭测试罐的绝热反应热能量测定仪(vent sizing package 2,VSP2)研究了四个品牌的 18650 型锂离子电池的热失控危害。测试获得了在充电(4.2V)和未充电(3.7V)条件下电池的温度-压力变化曲线。密闭的测试容器将喷射放出的气体保留在测试罐中。但是,实际使用中锂离子电池通常在非密闭条件下使用,如电池组或模块电池等。Chen 等[171]在一个燃烧室中测量了锂离子电池组发生火灾时的冲击压力。实验中,来自电池喷射火焰的冲击压力由布置在电池周围不同位置的传感器进行测量。传感器被放置在距离电池相同距离的不同位置,来测量可能在任何方向发生的热释放气体的压力。Koch 等[172]使用各种传感器同时监测电池的热失控行为,其中包括压力传感器。测试结果表明,压力传感器在温度传感器发现热失控之前约 5s 可检测到热失控即将发生,如图 1.21 所示。

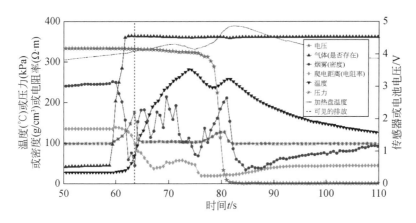

图 1.21　多种传感器监测锂离子电池热失控读数图[172]

1.3.3　锂离子电池热失控产物危险性

锂离子电池热失控除了会产生电压、温度的急剧变化,其生成的气体还可能以冲击波的形式引起冲击压力危害。研究人员已经进行了初步尝试来测量压力以探测热失控的发生,然而,锂离子电池热失控过程中的冲击压力尚未得到系统的研究,需要在不同条件下对锂离子电池热失控的超压冲击进行试验测试,从而测试其可能对人员造成的危害。

锂离子电池热失控过程除了会喷发火焰,还会喷射出气体、蒸气与微粒混合的高温混合物(jet fire and high-temperature mixture,JFHM)。传统的热电偶测温法,容易受到热失控喷射过程和热电偶自身响应时间的影响,所以急需一种非侵入式的不受喷射过程影响的测温方式对热失控温度变化进行测量。同时,传统的数字相机只能捕捉到可见光火焰的演变过程,而不能用来研究热失控的全部喷射产物,而对热失控产物危险性的研究,也是分析热失控危险性的重要部分。

热失控通常伴随着气体放出、火灾或爆炸[170,173]。人们已经对这些热失控损失进行了大量的研究。当锂离子电池处于不同充电状态时,热失控过程中因内部反应而产生的主要气体成分可以通过气相色谱法进行测试[174,175]。分析结果能够确定气体的组成和成分,并可对其进行系统性分析来评估热失控可能造成的损害。Spinner 等[87]利用火灾试验仓获得了锂离子电池热失控产生的气体的种类信息,其结果表明,来自热失控阶段的一氧化碳(CO)和甲烷(CH_4)是突显锂离子电池热失控的毒性和燃爆危险性的重要因素。Koch 等[176]采用高压釜研究和计算了热失控放出的气体量,并使用气相色谱仪进行全面的气体组成分析。其分析结果确定了七个最常见的气体成分,即 CO_2、CO、H_2、C_2H_4、CH_4、C_2H_6 和 C_3H_6,如图 1.22 所示。前人对热失控放出气体的可燃性也进行了评价,气体中的相关成分主要包括 H_2、CO_2、CO,以及 CH_4 等小分子碳氢化合物[177,178]。热失控放出的气体,因其含有可燃成分,在一定空间内迅速扩散,就会造成火灾和爆炸风险[179]。

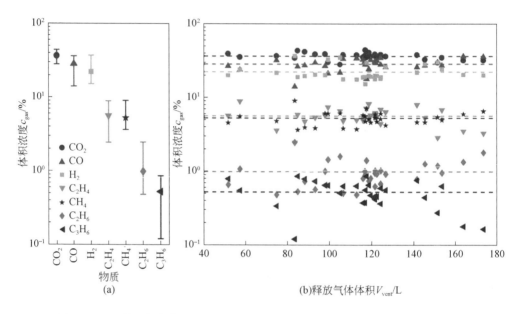

图 1.22　(a)热失控气体检测中平均物质浓度图;(b)不同气体量下物质的浓度图
(彩图请扫封底二维码)[176]

　　Baird 等[180]总结了一系列测试锂离子电池热失控期间释放的气体成分的研究,并评估了用于评价其爆炸特性的相关分析和建模方法,如燃烧下限、层流火焰速度和最大超压等,以此来量化电池化学成分、充电状态以及其他参数对电池爆炸危险性的影响。理论评估的结果表明,相对于 LFP 电池释放的气体,NCA 电池和 LCO 电池释放的气体会产生更高的火焰速度和最大超压。LFP 电池释放的气体也有着更高的燃烧下限,会降低着火的可能性。

　　从宏观过程的角度来看,热失控过程总是伴随着内部和外部材料的燃烧。基于燃烧理论,对于组成为 $C_xH_yO_z$ 的燃料[181]:

$$C_xH_yO_z + O_2 \longrightarrow CO_2, CO, H_2O, H_2, 烟灰, CH \qquad (1-1)$$

其中,烟灰的主要成分是碳,而 CH 是碳氢化合物的残渣。燃烧产物的种类取决于实验条件,特别是不完全燃烧产物的形成常常是不可预测的。

　　在热失控过程中,喷射放出的气体通常是易燃和有毒的[182,183]。前人已经进行了一系列相关研究,来评估放出气体在热失控中的危险程度[46]。Said 等[184] 测量了锂离子电池组热失控产生的每种喷射气体(包括 H_2、CO_2、CO、总碳氢化合物和 O_2)的浓度和体积分数,来评估电池组热失控的爆燃、爆炸风险。Fernandes 等[185] 将 26650 型锂离子电池放在密闭的聚丙烯测试箱中,通过过充电的方式引发电池热失控。分别通过傅里叶变换红外光谱(Fourier transform infrared spectroscopy,FTIR)和气相色谱-质谱联用(gas chromatography-mass spectrometry,GC-MS)对气体样品进行识别和定量分析。研究发现,释放的气体主要由易燃的挥发性溶剂组成,正是这些物质的生成增加了锂离子电池燃烧危险性。

在热失控燃烧过程中也存在着有毒化学物质,包括有毒的挥发性有机化合物[186]、氟化氢(HF)和三氟氧化磷(POF_3)[90] 等。Sturk 等[187] 测试了 LFP 和 NMC/LMO 电池在热失控释放气体阶段中 CO_2、HF 和碳氢化合物的释放速率,研究不同正极的锂离子电池之间化学反应特性的差异。Diaz 等[82] 使用在线 FTIR 和离子色谱(ion chromatography,IC)定量分析了热失控气体并评估其毒性,结果表明,最重要的有毒成分是氟化氢(HF)、碳酰氟(CF_2O)、丙烯醛(C_3H_4O)、一氧化碳(CO)、甲醛(CH_2O)、氯化氢(HCl)和电解液溶剂。对于 HF 的形成,在热失控气体释放的过程中,则与其他物质有所不同。Larsson 等[90] 使用单一燃烧物(single burning item,SBI)测试法和在线 FTIR 对七种类型的锂离子电池着火时的氟化物气体释放进行量化研究。由图 1.23 可见,实验中检测到大量的 HF 产生,对于标称容量的电池,其产生量可达到 20~200mg/(W·h),这样的产量可能会对人类构成严重的毒性危害。该研究也首次报道了三氟氧化磷(POF_3)的存在,但仅有一种类型的电池,在充电状态为 0% 时产生了三氟氧化磷。Sun 等[186] 使用 GC-MS 和 IC 对六种锂离子电池的燃烧产物进行了毒性分析,这六种电池分别为 LMO、LCO 和 LPF 为正极材料的四种 18650 型电池,加上 LMO、NCM[$Li(Ni_{1/3}Co_{1/3}Mn_{1/3})O_2$]为正极材料的两种软包电池;对 HF、一氧化碳(CO)和其他 100 多种挥发性有机物进行了定量测定。

从先前的研究来看,普通数字摄像机只能捕捉到火焰的可见光图像,然而却忽略了热失控过程中伴随产生的气体、蒸气和微粒的高温混合物。所以采用红外热成像技术除了可以非侵入式测量热失控温度变化,也可以对热失控产生的气体、蒸气和微粒混合的高温混合物产物进行特征分析。

同时,以前的工作主要集中于通过仪器分析方法集中研究锂离子电池热失控的气体产物,在现有文献中几乎找不到有关锂离子电池热失控喷射的固体粉末生成物的研究,因此固体喷射粉末的成分和危险特性也需要细致而系统的研究。只有通过对锂离子电池进行全面的分析,才可以系统地判断或评价锂离子电池的危险性。

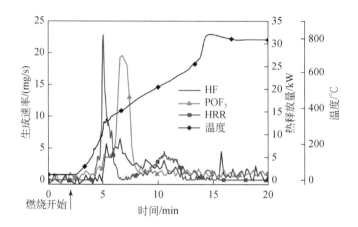

图 1.23　某品牌 0% SOC 钴酸锂电池(5 枚)起火时 HF 生成速率、POF₃生成速率、
热释放速率(HRR)和平均表面温度结果图[90]

　　锂离子电池的热失控通常会带来人员伤亡、设备财产损失,所以,人们也逐渐开始针对锂离子电池的可靠性、安全性开发相应的评价和分析方法。

　　国家推荐标准《电力储能用锂离子电池》(GB/T 36276—2018)[188]针对锂离子电池的规格、技术要求、试验方法和检验规则等提出了一些适应性的规定。其中单体电池的关键指标主要有以下几类:基本性能,如单体电池的充放电能量、倍率充放电性能等;循环性能,如一定循环次数内容量保持能力;安全性能,如过充电、过放电、短路、挤压、跌落、加热、热失控的相关不起火、爆炸条件等。同时标准文件还附有标准检验方式。

　　杜珺和王瑞红[189]收集并整理了国内外 100 多起锂离子电池航空运输中的起火事故,将事故分类后,编制了事故树,并基于三角模糊数理论,对其进行了研究和分析。其研究结果认为,提高锂离子电池的生产质量是从源头上解决锂离子电池火灾风险的重要措施。

　　李霜[190]通过分析锂离子电池铁路运输系统的耗散结构和机理,基于熵理论和耗散结构理论,构建了以人的指标、设施设备的指标、环境的指标、管理的指标、锂离子电池货物的指标为基础的锂离子电池铁路运输安全评价指标体系;建立了锂离子电池铁路运输系统安全熵计算模型和事故熵计算模型,界定了系统的安全状态;选择了一个具有代表性的危险货运站,通过计算模型计算了事故熵值和顶上事件概率,并判断了其安全状态。

　　Soares 等[191]提出了在 STABALID(stationary batteries Li-ion safe deployment,固定电池锂离子安全部署)项目框架内对固定锂离子电池进行的风险分析。其主要目的在于分析电池在其全生命周期中可能遇到的各种危险情况,并提出预防措施。

首先分析电池在生命周期中可能出现的所有风险,然后,将识别出的风险映射到电池寿命周期的不同阶段,并对每个阶段进行两次分析:内部问题分析和外部风险分析。根据定义的风险矩阵对锂离子电池进行了风险评估,并提出了减少风险发生可能性的初步缓解措施。结果表明,使用该方法,可以将与电池寿命周期相关的所有风险发生的可能性或严重性降低到可接受或可忍受的水平。

王文和等[192]利用锥形量热仪测得的锂离子电池热失控相关数据,并基于可燃物火灾风险评估的层次分析法,以及参考其他锂离子电池热失控危害分析法,开发了一种基于层次分析的锂离子电池火灾危险评估方法,并邀请 3 位相关专家对分析法中的相关指标进行了打分,得出了相关指标的权重。最后分析了 10 种不同电池的危险性,并进行了排序。

黄沛丰[193]通过事故树分析法分析了导致锂离子电池发生火灾的 15 种基本事件及 36 种引发途径,并对相关结构重要度进行了排序。同时结合关于危险类化学品分类的指导书,提出了针对锂离子电池的危险性分类,得到了基于失效危险性程度、失效可能性和危险控制指数计算的电池风险值。

现有的锂离子电池安全性评价方法主要集中于锂离子电池的可靠性和发生危险的可能性,对于热失控的危险程度,尚缺少定量的分析,对于热失控的过程、产物的关键危险伤害参数的危险性大小,则缺少指标定量分析。

1.4 本章小结

本章首先介绍了锂离子电池的运行原理,叙述了锂离子电池的发展、结构和工作原理,然后列举了锂离子电池热失控的一些典型案例,最后阐述了锂离子电池滥用形式、失控过程及相关热失控产物的危险性。

参 考 文 献

[1] Barkholtz H M, Preger Y, Ivanov S, et al. Multi-scale thermal stability study of commercial lithium-ion batteries as a function of cathode chemistry and state-of-charge[J]. J Power Sources, 2019, 435: 226777.

[2] Blomgren G E. The development and future of lithium ion batteries[J]. J Electrochem Soc, 2016, 164(1): A5019.

[3] Duh Y S, Sun Y, Lin X, et al. Characterization on thermal runaway of commercial 18650 lithium-ion batteries used in electric vehicles: A review[J]. J Energy Storage, 2021, 41: 102888.

[4] Feng X, Zheng S, Ren D, et al. Investigating the thermal runaway mechanisms of lithium-ion batteries based on thermal analysis database[J]. Appl Energy, 2019, 246: 53-64.

[5] An Z, Jia L, Ding Y, et al. A review on lithium-ion power battery thermal management tech-

nologies and thermal safety[J]. J Thermal Sci,2017,26(5):391-412.

[6] Kvasha A,Gutiérrez C,Osa U,et al. A comparative study of thermal runaway of commercial lithium ion cells[J]. Energy,2018,159:547-557.

[7] Goodenough J B. Evolution of strategies for modern rechargeable batteries[J]. Acc Chem Res,2013,46(5):1053-1061.

[8] Kim S,Lee Y S,Lee H S,et al. A study on the behavior of a cylindrical type Li-ion secondary battery under abnormal conditions. Über das Verhalten eines zylindrischen Li-ionen Akkumulators unter abnormalen Bedingungen[J]. Materlwiss Werkstt,2010,41(5):378-385.

[9] Lyon R E,Walters R N. Energetics of lithium ion battery failure[J]. J Hazard Mater,2016, 318:164-172.

[10] Barnett B,Ofer D,Sriramulu S,et al. Lithium-ion Batteries,Safety[M]//Brodd R J. Batteries for Sustainability. New York:Springer,2013:285-318.

[11] Wang Q,Ping P,Zhao X,et al. Thermal runaway caused fire and explosion of lithium ion battery[J]. J Power Sources,2012,208:210-224.

[12] Mao B,Chen H,Cui Z,et al. Failure mechanism of the lithium ion battery during nail penetration[J]. Int J Heat Mass Transf,2018,122:1103-1115.

[13] Liao Z,Zhang S,Li K,et al. Hazard analysis of thermally abused lithium-ion batteries at differentstate of charges[J]. J Energy Storage,2020,27:101065.

[14] Finegan D P,Darcy E,Keyser M,et al. Identifying the cause of rupture of Li-ion batteries during thermal runaway[J]. Adv Sci,2018,5(1):1700369.

[15] Chombo P V,Laoonual Y. A review of safety strategies of a Li-ion battery[J]. J Power Sources,2020,478:228649.

[16] 义夫正树,拉尔夫·J.布拉德,小泽昭弥. 锂离子电池:科学与技术[M]. 苏金然,汪继强译. 北京:化学工业出版社,2014.

[17] Dahn J R,Zheng T,Liu Y,et al. Mechanisms for lithium insertion in carbonaceous materials[J]. Science,1995,270(5236):590-593.

[18] Buiel E,Dahn J R. Li-insertion in hard carbon anode materials for Li-ion batteries[J]. Electrochim Acta,1999,45(1-2):121-130.

[19] Satoh A. Electrochemical intercalation of lithium into graphitized carbons[J]. Solid State Ion,1995,80(3-4):291-298.

[20] Ogumi Z,Wang H. Carbon Anode Materials[M]//Yoshio M,Brodd R J,Kozawa A. Lithium-ion Batteries. New York:Springer,2009:1-25.

[21] Nishi Y. The development of lithium ion secondary batteries[J]. Chem Rec,2001,1(5): 406-413.

[22] Zheng T,Zhong Q,Dahn J R. High-capacity carbons prepared from phenolic resin for anodes of lithium-ion batteries[J]. J Electrochem Soc,1995,142(11):L211-L214.

[23] Liu Y,Xue J S,Zheng T,et al. Mechanism of lithium insertion in hard carbons prepared by pyrolysis of epoxy resins[J]. Carbon,1996,34(2):193-200.

［24］ Nishi Y. Lithium ion secondary batteries: past 10 years and the future[J]. J Power Sources, 2001,100(1-2):101-106.

［25］ Tobishima S I, Yamaki J I, Okada T. Ethylene carbonate/ether mixed solvents electrolyte for lithium batteries[J]. Electrochim Acta,1984,29(10):1471-1476.

［26］ Fong R, von Sacken U, Dahn J R. Studies of lithium intercalation into carbons using nonaqueous electrochemical cells[J]. J Electrochem Soc,1990,137(7):2009-2013.

［27］ Yoshio M, Brodd R J, Kozawa A. Lithium-ion Batteries[M]. New York:Springer,2009.

［28］ Xu K. Nonaqueous liquid electrolytes for lithium-based rechargeable batteries[J]. Chem Rev,2004,104(10):4303-4418.

［29］ Kalhoff J, Eshetu G G, Bresser D,et al. Safer electrolytes for lithium-ion batteries:state of the art and perspectives[J]. ChemSusChem,2015,8(13):2154-2175.

［30］ Fujimoto H, Mabuchi A, Tokumitsu K,et al. ^{7}Li nuclear magnetic resonance studies of hard carbon and graphite/hard carbon hybrid anode for Li-ion battery[J]. J Power Sources, 2011,196(3):1365-1370.

［31］ Yoshino A. Development of the lithium-ion Battery and Recent Technological Trends[M]// Pistoia G. Lithium-ion Batteries. Amsterdam:Elsevier,2014:1-20.

［32］ Ni J, Huang Y, Gao L. A high-performance hard carbon for Li-ion batteries and supercapacitors application[J]. J Power Sources,2013,223:306-311.

［33］ Li M, Lu J, Chen Z,et al. 30 years of lithium-ion batteries[J]. Adv Mate,2018,30 (33):1800561.

［34］ Li B, Wang Y, Lin H,et al. Improving high voltage stability of lithium cobalt oxide/graphite battery via forming protective films simultaneously on anode and cathode by using electrolyte additive[J]. Electrochim Acta,2014,141:263-270.

［35］ Reimers J N, Dahn J R. Electrochemical and *in situ* X-ray diffraction studies of lithium intercalation in Li_xCoO_2[J]. J Electrochem Soc,1992,139(8):2091-2097.

［36］ Eom J Y, Jung I H, Lee J H. Effects of vinylene carbonate on high temperature storage of high voltage Li-ion batteries[J]. J Power Sources,2011,196(22):9810-9814.

［37］ Kannan A M, Rabenberg L, Manthiram A. High capacity surface-modified $LiCoO_2$ cathodes for lithium-ion batteries[J]. Electrochem Solid-State Lett,2003,6(1):A16-A18.

［38］ Ren H, Huang Y, Wang Y, et al. Effects of different carbonate precipitators on $LiNi_{1/3}Co_{1/3}Mn_{1/3}O_2$ morphology and electrochemical performance[J]. Mater Chem Phys, 2009,117(1):41-45.

［39］ Wei Y, Zheng J, Cui S,et al. Kinetics tuning of Li-ion diffusion in layered $Li(Ni_xMn_yCo_z)O_2$[J]. J Am Chem Soc,2015,137(26):8364-8367.

［40］ 吴哲,胡淑婉,曹峰,等. 镍钴锰酸锂三元正极材料的研究进展[J]. 电源技术,2018,42 (7):3.

［41］ 孔继周,陈瑶,徐朋,等. 锂离子电池无序结构正极材料的研究进展[J]. 江苏大学学报(自然科学版),2020,41(5):6.

[42] Koyama Y, Tanaka I, Adachi H, et al. Crystal and electronic structures ofsuperstructural $Li_{1-x}[Co_{1/3}Ni_{1/3}Mn_{1/3}]O_2$ $(0 \leqslant x \leqslant 1)$ [J]. J Power Sources, 2003, 119-121: 644-648.

[43] Huang P, Ping P, Li K, et al. Experimental and modeling analysis of thermal runaway propagation over the large format energy storage battery module with $Li_4Ti_5O_{12}$ anode[J]. Appl Energy, 2016, 183: 659-673.

[44] 钜大 LARGE. 锂电池电解液及其要求介绍[EB/OL]. (2019-04-25)[2022-10-01]. http:// www. juda. cn/news/74226. html.

[45] Zhang H, Zhou M Y, Lin C E, et al. Progress in polymeric separators for lithium ion batteries[J]. RSC Adv, 2015, 5(109): 89848-89860.

[46] Wang Q, Mao B, Stoliarov S I, et al. A review of lithium ion battery failure mechanisms and fire prevention strategies[J]. Prog Energy Combust Sci, 2019, 73: 95-131.

[47] Tarascon J M, Armand M. Issues and challenges facing rechargeable lithium batteries[J]. Nature, 2001, 414(6861): 359-367.

[48] Skybrary. B744, vicinity Dubai UAE, 2010[EB/OL]. (2023-07-18)[2023-10-01]. https:// skybrary. aero/accidents-and incidents/b744-vicinity-dubai-uae-2010.

[49] Factual Report of Investigation. Tesla Model X Run-Off the Roadway and Collision with Private Home Resulting in Post Crash Fire[R]. National Transportation Safety Board, 2019, HWY17FH013.

[50] Mckinnon M B, Decrane S, Kerber S. Four Firefighters Injured in Lithium-ion Battery Energy Storage System Explosion-Arizona[R]. UL Firefighter Safety Research Institute, 2020.

[51] 北京市应急管理局. 丰台区"4·16"较大火灾事故调查报告[R]. (2021-11-22)[2022-10-01].

[52] Zhang X, Chen S, Zhu J, et al. A critical review of thermal runaway prediction and early-warning methods for lithium-ion batteries[J]. Energy Mater Adv, 2023, 4: 0008.

[53] Wen J, Yu Y, Chen C. A review on lithium-ion batteries safety issues: existing problems and possible solutions[J]. Mater Express, 2012, 2(3): 197-212.

[54] Ouyang D, Liu J, Chen M, et al. Investigation into the fire hazards of lithium-ion batteries under overcharging[J]. Appl Sciences, 2017, 7(12): 1314.

[55] Vetter J, Novák P, Wagner M R, et al. Ageing mechanisms in lithium-ion batteries[J]. J Power Sources, 2005, 147(1-2): 269-281.

[56] Troxler Y, Wu B, Marinescu M, et al. The effect of thermal gradients on the performance of lithium-ion batteries[J]. J Power Sources, 2014, 247: 1018-1025.

[57] Bloom I, Jones S A, Polzin E G, et al. Mechanisms of impedance rise in high-power, lithium-ion cells[J]. J Power Sources, 2002, 111(1): 152-159.

[58] Kitoh K, Nemoto H. 100Wh large size Li-ion batteries and safety tests[J]. J Power Sources, 1999, 81-82: 887-890.

[59] Han K N, Seo H M, Kim J K, et al. Development of a plastic Li-ion battery cell for EV applications[J]. J Power Sources, 2001, 101(2): 196-200.

[60] Leising R A, Palazzo M J, Takeuchi E S, et al. Abuse testing of lithium-ion batteries: char-

acterization of the overcharge reaction of LiCoO₂ graphite cells[J]. J Electrochem Soc, 2001,148(8):A838.

[61] Larsson F, Mellander B E. Abuse by external heating, overcharge and short circuiting of commercial lithium-ion battery cells[J]. J Electrochem Soc,2014,161(10):A1611-A1617.

[62] Ouyang D, Chen M, Liu J, et al. Investigation of a commercial lithium-ion battery under overcharge/over-discharge failure conditions[J]. RSC Adv,2018,8(58):33414-33424.

[63] Liu K, Liu Y, Lin D, et al. Materials for lithium-ion battery safety[J]. Sci Adv,2018,4(6): eaas 9820.

[64] Orsini F, Pasquier A D, Beaudoin B, et al. *In situ* scanning electron microscopy (SEM) observation of interfaces within plastic lithium batteries[J]. J Power Sources,1998,76(1): 19-29.

[65] Dollé M, Sannier L, Beaudoin B, et al. Live scanning electron microscope observations of dendritic growth in lithium/polymer Cells [J]. Electrochem Solid-State Lett, 2002, 5 (12):A286.

[66] Jana A, Ely D R, García R E. Dendrite-separator interactions in lithium-based batteries[J]. J Power Sources,2015,275:912-921.

[67] Kaliaperumal M, Dharanendrakumar M S, Prasanna S, et al. Cause and mitigation of lithium-ion battery failure:a review[J]. Materials,2021,14(19):5676.

[68] Rao Z, Wang S. A review of power battery thermal energy management[J]. Renew Sust Energ Rev,2011,15(9):4554-4571.

[69] Greco A, Jiang X, Cao D. An investigation of lithium-ion battery thermal management using paraffin/porous-graphite-matrix composite[J]. J Power Sources,2015,278:50-68.

[70] Feng X, Ouyang M, Liu X, et al. Thermal runaway mechanism of lithium ion battery for electric vehicles:A review[J]. Energy Storage Mater,2018,10:246-267.

[71] Spotnitz R, Franklin J. Abuse behavior of high-power, lithium-ion cells[J]. J Power Sources,2003,113(1):81-100.

[72] Aurbach D, Daroux M L, Faguy P W, et al. Identification of surface films formed on lithium in propylene carbonate solutions[J]. J Electrochem Soc,1987,134(7):1611-1620.

[73] Aurbach D, Gofer Y, Ben-Zion M, et al. The behaviour of lithium electrodes in propylene and ethylene carbonate: Te major factors that influence Li cycling efficiency [J]. J Electroanal Chem,1992,339(1-2):451-471.

[74] Wang H, Tang A, Huang K. Oxygen evolution in overcharged $Li_x Ni_{1/3} Co_{1/3} Mn_{1/3} O_2$ electrode and its thermal analysis kinetics[J]. Chin J Chem,2011,29(8):1583-1588.

[75] Kawamura T, Kimura A, Egashira M, et al. Thermal stability of alkyl carbonate mixed-solvent electrolytes for lithium ion cells[J]. J Power Sources,2002,104(2):260-264.

[76] Ping P, Wang Q, Huang P, et al. Thermal behaviour analysis of lithium-ion battery at elevated temperature using deconvolution method[J]. Appl Energy,2014,129:261-273.

[77] Spotnitz R M, Weaver J, Yeduvaka G, et al. Simulation of abuse tolerance of lithium-ion

battery packs[J]. J Power Sources,2007,163(2):1080-1086.

[78] Wang Q,Ping P,Sun J,et al. The effect of mass ratio of electrolyte and electrodes on the thermal stabilities of electrodes used in lithium ion battery[J]. Thermochim Acta,2011,517 (1-2):16-23.

[79] Mendoza-hernandez O S,Ishikawa H,Nishikawa Y,et al. Cathode material comparison of thermal runaway behavior of Li-ion cells at different state of charges including over charge [J]. J Power Sources,2015,280:499-504.

[80] Li H,Duan Q,Zhao C,et al. Experimental investigationon the thermal runaway and its propagation in the large format battery module with $Li(Ni_{1/3}Co_{1/3}Mn_{1/3})O_2$ as cathode[J]. J Hazard Mater,2019,375:241-254.

[81] Liu J,Wang Z,Gong J,et al. Experimental study of thermal runaway process of 18650 lithium-ion battery[J]. Materials,2017,10(3):230.

[82] Diaz F,Wang Y,Weyhe R,et al. Gas generation measurement and evaluation during mechanical processing and thermal treatment of spent Li-ion batteries[J]. Waste Manage, 2019,84:102-111.

[83] Gao T,Wang Z,Chen S,et al. Hazardous characteristics of charge and discharge of lithium-ion batteries under adiabatic environment and hot environment[J]. Int J Heat Mass Transf,2019,141:419-431.

[84] Jiang F,Liu K,Wang Z,et al. Theoretical analysis of lithium-ion battery failure characteristics under different states of charge[J]. Fire Mater,2018,42(6):680-686.

[85] Chen M,Yuen R,Wang J. An experimental study about the effect of arrangement on the fire behaviors of lithium-ion batteries[J]. J Therm Anal Calorim,2017,129(1):181-188.

[86] Lei B,Zhao W,Ziebert C,et al. Experimental analysis of thermal runaway in 18650 cylindrical Li-ion cells using an accelerating rate calorimeter[J]. Batteries,2017,3(4):14.

[87] Spinner N S,Field C R,Hammond M H,et al. Physical and chemical analysis of lithium-ion battery cell-to-cell failure events inside custom fire chamber[J]. J Power Sources,2015, 279:713-721.

[88] Kumai K,Miyashiro H,Kobayashi Y,et al. Gas generation mechanism due to electrolyte decomposition in commercial lithium-ion cell[J]. J Power Sources,1999,81-82:715-719.

[89] Kong W,Li H,Huang X,et al. Gas evolution behaviors for several cathode materials in lithium-ion batteries[J]. J Power Sources,2005,142(1-2):285-291.

[90] Larsson F,Andersson P,Blomqvist P,et al. Toxic fluoride gas emissions from lithium-ion battery fires[J]. Sci Rep,2017,7(1):10018.

[91] Hammami A,Raymond N,Armand M. Runaway risk of forming toxic compounds[J]. Nature,2003,424(6949):635-636.

[92] Andersson A M,Edström K,Rao N,et al. Temperature dependence of the passivation layer on graphite[J]. J Power Sources,1999,81-82:286-290.

[93] von Sacken U,Nodwell E,Sundher A,et al. Comparative thermal stability of carbon

intercalation anodes and lithium metal anodes for rechargeable lithium batteries[J]. J Power Sources,1995,54(2):240-245.

[94] Richard M N, Dahn J R. Accelerating rate calorimetry study on the thermal stability of lithium intercalated graphite in electrolyte. I . Experimental[J]. J Electrochem Soc, 1999,146(6):2068-2077.

[95] Zhang Z, Fouchard D, Rea J R. Differential scanning calorimetry material studies: implications for the safety of lithium-ion cells[J]. J Power Sources,1998,70(1):16-20.

[96] Macneil D D, Larcher D, Dahn J R. Comparison of the reactivity of various carbon electrode materials with electrolyte at elevated temperature[J]. J Electrochem Soc,1999,146(10): 3596-3602.

[97] Xu K, Lee U, Zhang S, et al. Chemical analysis of graphite/electrolyte interface formed in LiBOB-based electrolytes[J]. Electrochem Solid-State Lett,2003,6(7):A144.

[98] Park Y S, Bang H J, Oh S M, et al. Effect of carbon coating on thermal stability of natural graphite spheres used as anode materials in lithium-ion batteries[J]. J Power Sources, 2009,190(2):553-557.

[99] Park Y S, Lee S M. Effects of particle size on the thermal stability of lithiated graphite anode[J]. Electrochim Acta,2009,54(12):3339-3343.

[100] Parimalam B S, Macintosh A D, Kadam R, et al. Decomposition reactions of anode solid electrolyte interphase (SEI) components with LiPF$_6$[J]. J Phys Chem C,2017,121(41): 22733-22738.

[101] Huang S, Cheong L Z, Wang D, et al. Thermal stability of solid electrolyte interphase of lithium-ion batteries[J]. Appl Surf Sci,2018,454:61-67.

[102] Liu X, Yin L, Ren D, et al. *In situ* observation of thermal-driven degradation and safety concerns of lithiated graphite anode[J]. Nat Commun,2021,12(1):4235.

[103] An S J, Li J, Daniel C, et al. The state of understanding of the lithium-ion-battery graphite solid electrolyte interphase (SEI) and its relationship to formation cycling[J]. Carbon, 2016,105:52-76.

[104] Yang H, Bang H, Amine K, et al. Investigations of the exothermic reactions of natural graphite anode for Li-ion batteries during thermal runaway[J]. J Electrochem Soc,2005, 152(1):A73.

[105] Jiang J, Dahn J R. Effects of solvents and salts on the thermal stability of LiC$_6$ [J]. Electrochim Acta,2004,49(26):4599-4604.

[106] Jiang J, Dahn J R. Comparison of the thermal stability of lithiated graphite in LiBOB EC/ DEC and in LiPF$_6$ EC/DEC[J]. Electrochem Solid-State Lett,2003,6(9):A180.

[107] Profatilova I A, Langer T, Badillo J P, et al. Thermally induced reactions between lithiated nano-silicon electrode and electrolyte for lithium-ion batteries[J]. J Electrochem Soc, 2012,159(5):A657-A663.

[108] Nie M, Chalasani D, Abraham D P, et al. Lithium ion battery graphite solid electrolyte in-

terphase revealed by microscopy and spectroscopy[J]. J Phys Chem C, 2013, 117(3): 1257-1267.

[109] Yamaki J. Thermal stability of graphite anode with electrolyte in lithium-ion cells[J]. Solid State Ion, 2002, 148(3-4): 241-245.

[110] Forestier C, Grugeon S, Davoisne C, et al. Graphite electrode thermal behavior and solid electrolyte interphase investigations: Role of state-of-the-art binders, carbonate additives and lithium bis(fluorosulfonyl)imide salt[J]. J Power Sources, 2016, 330: 186-194.

[111] Maleki H, Deng G, Kerzhner-Haller I, et al. Thermal stability studies of binder materials in anodes for lithium-ion batteries[J]. J Electrochem Soc, 2000, 147(12): 4470.

[112] Park Y S, Oh E S, Lee S M. Effect of polymeric binder type on the thermal stability and tolerance to roll-pressing of spherical natural graphite anodes for Li-ion batteries[J]. J Power Sources, 2014, 248: 1191-1196.

[113] Roth E P, Doughty D H, Franklin J. DSC investigation of exothermic reactions occurring at elevated temperatures in lithium-ion anodes containing PVDF-based binders[J]. J Power Sources, 2004, 134(2): 222-234.

[114] Liu X, Xu G L, Kolluru V S C, et al. Origin and regulation of oxygen redox instability in high-voltage battery cathodes[J]. Nat Energy, 2022, 7(9): 808-817.

[115] Nam G W, Park N Y, Park K J, et al. Capacity fading of Ni-rich NCA cathodes: effect of microcracking extent[J]. ACS Energy Lett, 2019, 4(12): 2995-3001.

[116] Li J, Hua H, Kong X, et al. *In-situ* probing the near-surface structural thermal stability of high-nickel layered cathode materials[J]. Energy Storage Mater, 2022, 46: 90-99.

[117] Edge J S, O'kane S, Prosser R, et al. Lithium ion battery degradation: What you need to know[J]. Phys Chem Chem Phys, 2021, 23(14): 8200-8221.

[118] Bak S M, Nam K W, Chang W, et al. Correlating structural changes and gas evolution during the thermal decomposition of charged $Li_x Ni_{0.8} Co_{0.15} Al_{0.05} O_2$ cathode materials[J]. Chem Mater, 2013, 25(3): 337-351.

[119] Nam K W, Bak S M, Hu E, et al. Combining *in situ* synchrotron X-ray diffraction and absorption techniques with transmission electron microscopy to study the origin of thermal instability in overcharged cathode materials for lithium-ion batteries[J]. Adv Funct Mater, 2013, 23(8): 1047-1063.

[120] Zhang Y, Wang H, Li W, et al. Size distribution and elemental composition of vent particles from abused prismatic Ni-rich automotive lithium-ion batteries[J]. J Energy Storage, 2019, 26: 100991.

[121] Wu C, Wu Y, Feng X, et al. Ultra-high temperature reaction mechanism of $LiNi_{0.8} Co_{0.1} Mn_{0.1} O_2$ electrode[J]. J Energy Storage, 2022, 52: 104870.

[122] Hatsukade T, Schiele A, Hartmann P, et al. Origin of carbon dioxide evolved during cycling of nickel-rich layered NCM cathodes[J]. ACS Appl Mater Interfaces, 2018, 10(45): 38892-38899.

[123] Shurtz R C, Hewson J C. Review—Materials science predictions of thermal runaway in layered metal-oxide cathodes: a review of thermodynamics[J]. J Electrochem Soc, 2020, 167(9):090543.

[124] Noh H J, Youn S, Yoon C S, et al. Comparison of the structural and electrochemical properties of layered Li[Ni$_x$Co$_y$Mn$_z$]O$_2$ (x=1/3,0.5,0.6,0.7,0.8 and 0.85) cathode material for lithium-ion batteries[J]. J Power Sources, 2013, 233:121-130.

[125] Wang Y, Ren D, Feng X, et al. Thermal kinetics comparison of delithiated Li[Ni$_x$Co$_y$Mn$_{1-x-y}$]O$_2$ cathodes[J]. J Power Sources, 2021, 514:230582.

[126] Sun Y K, Lee D J, Lee Y J, et al. Cobalt-free nickel rich layered oxide cathodes for lithium-ion batteries[J]. ACS Appl Mater Interfaces, 2013, 5(21):11434-11440.

[127] Bak S M, Hu E, Zhou Y, et al. Structural changes and thermal stability of charged LiNi$_x$Mn$_y$Co$_z$O$_2$ cathode materials studied by combined *in situ* time-resolved XRD and mass spectroscopy[J]. ACS Appl Mater Interfaces, 2014, 6(24):22594-22601.

[128] Choi J U, Voronina N, Sun Y, et al. Recent progress and perspective of advanced high-energy Co-less Ni-rich cathodes for Li-ion batteries: yesterday, today, and tomorrow[J]. Adv Energy Mater, 2020, 10(42):2002027.

[129] Berkes B B, Schiele A, Sommer H, et al. On the gassing behavior of lithium-ion batteries with NCM523 cathodes[J]. J Solid State Electr, 2016, 20(11):2961-2967.

[130] Li Y, Liu X, Wang L, et al. Thermal runaway mechanism of lithium-ion battery with LiNi$_{0.8}$Mn$_{0.1}$Co$_{0.1}$O$_2$ cathode materials[J]. Nano Energy, 2021, 85:105878.

[131] Jung R, Metzger M, Maglia F, et al. Oxygen release and its effect on the cycling stability of LiNi$_x$Mn$_y$Co$_z$O$_2$ (NMC) cathode materials for Li-ion batteries[J]. J Electrochem Soc, 2017, 164(7):A1361-A1377.

[132] Jung R, Metzger M, Maglia F, et al. Chemical versus electrochemical electrolyte oxidation on NMC111, NMC622, NMC811, LNMO, and conductive carbon[J]. J Phys Chem Lett, 2017, 8(19):4820-4825.

[133] Huang Y, Lin Y C, Jenkins D M, et al. Thermal stability and reactivity of cathode materials for Li-ion batteries[J]. ACS Appl Mater Interfaces, 2016, 8(11):7013-7021.

[134] Xia Y, Fujieda T, Tatsumi K, et al. Thermal and electrochemical stability of cathode materials in solid polymer electrolyte[J]. J Power Sources, 2001, 92(1-2):234-243.

[135] Tsukasaki H, Otoyama M, Mori Y, et al. Analysis of structural and thermal stability in the positive electrode for sulfide-based all-solid-state lithium batteries[J]. J Power Sources, 2017, 367:42-48.

[136] Uhlenbruck S, Dornseiffer J, Lobe S, et al. Cathode-electrolyte material interactions during manufacturing of inorganic solid-state lithium batteries[J]. J Electroceram, 2017, 38(2-4):197-206.

[137] Yang H, Zhuang G V, Ross P N. Thermal stability of LiPF$_6$ salt and Li-ion battery electrolytes containing LiPF$_6$[J]. J Power Sources, 2006, 161(1):573-579.

[138] Sloop S E, Pugh J K, Wang S, et al. Chemical reactivity of PF$_5$ and LiPF$_6$ in ethylene carbonate/dimethyl carbonate solutions[J]. Electrochem Solid-State Lett, 2001, 4(4): A42.

[139] Ryou M H, Lee J N, Lee D J, et al. Effects of lithium salts on thermal stabilities of lithium alkyl carbonatesin SEI layer[J]. Electrochim Acta, 2012, 83: 259-263.

[140] Solchenbach S, Metzger M, Egawa M, et al. Quantification of PF$_5$ and POF$_3$ from side reactions of LiPF$_6$ in Li-ion batteries [J]. J Electrochem Soc, 2018, 165 (13): A3022-A3028.

[141] Campion C L, Li W, Lucht B L. Thermal decomposition of LiPF$_6$-based electrolytes for lithium-ion batteries[J]. J Electrochem Soc, 2005, 152(12): A2327.

[142] Eshetu G G, Grugeon S, Gachot G, et al. LiFSI *vs.* LiPF$_6$ electrolytes in contact with lithiated graphite: Comparing thermal stabilities and identification of specific SEI-reinforcing additives[J]. Electrochim Acta, 2013, 102: 133-141.

[143] Wilken S, Treskow M, Scheers J, et al. Initial stages of thermal decomposition of LiPF$_6$-based lithium ion battery electrolytes by detailed Raman and NMR spectroscopy[J]. RSC Adv, 2013, 3(37): 16359.

[144] Jayawardana C, Rodrigo N, Parimalam B, et al. Role of electrolyte oxidation and difluoro-phosphoric acid generation in crossover and capacity fade in lithium ion batteries[J]. ACS Energy Lett, 2021, 6(11): 3788-3792.

[145] Wang Q, Jiang L, Yu Y, et al. Progress of enhancing the safety of lithium ion battery from the electrolyte aspect[J]. Nano Energy, 2019, 55: 93-114.

[146] Verevkin S P, Emel'Yanenko V N, Kozlova S A. Organic carbonates: experiment and *ab initio* calculations for prediction of thermochemical properties[J]. J Phys Chem A, 2008, 112(42): 10667-10673.

[147] Liu Z, Jiang Y, Hu Q, et al. Safer lithium-ion batteries from the separator aspect: Development and future perspectives[J]. Energy Environ Mater, 2021, 4(3): 336-362.

[148] Lagadec M F, Zahn R, Wood V. Characterization and performance evaluation of lithium-ion battery separators[J]. Nat Energy, 2018, 4(1): 16-25.

[149] Roth E P, Doughty D H, Pile D L. Effects of separator breakdown on abuse response of 18650 Li-ion cells[J]. J Power Sources, 2007, 174(2): 579-583.

[150] Arora P, Zhang Z. Battery separators[J]. Chem Rev, 2004, 104(10): 4419-4462.

[151] Liu X, Ren D, Hsu H, et al. Thermal runaway of lithium-ion batteries without internal short circuit[J]. Joule, 2018, 2(10): 2047-2064.

[152] Feng X, Zheng S, He X, et al. Time sequence map for interpreting the thermal runaway mechanism of lithium-ion batteries with LiNi$_x$Co$_y$Mn$_z$O$_2$ cathode[J]. Front Energy Res, 2018, 6: 00126.

[153] Jokhakar D A, Puthusseri D, Manikandan P, et al. All-solid-state Li-metal batteries: role of blending PTFE with PEO and LiTFSI salt as a composite electrolyte with enhanced thermal stability[J]. Sustain Energy Fuels, 2020, 4(5): 2229-2235.

[154] Wang J,Chen R,Yang L,et al. Raising the intrinsic safety of layered oxide cathodes by surface re-lithiation with LLZTO garnet-type solid electrolytes[J]. Adv Mater,2022,34 (19):2200655.

[155] Wang S,Wu Y,Li H,et al. Improving thermal stability of sulfide solid electrolytes:an intrinsic theoretical paradigm[J]. InfoMat,2022,4(8):e12316.

[156] Lau J,Deblock R H,Butts D M,et al. Sulfide solid electrolytes for lithium battery applications[J]. Adv Energy Mater,2018,8(27):1800933.

[157] Wu Y,Wang S,Li H,et al. Progress in thermal stability of all-solid-state-Li-ion-batteries [J]. InfoMat,2021,3(8):827-853.

[158] Zhao M,Kariuki S,Dewald H D,et al. Electrochemical stability of copper in lithium-ion battery electrolytes[J]. J Electrochem Soc,2000,147(8):2874.

[159] Guo R,Lu L,Ouyang M,et al. Mechanism of the entire overdischarge process and overdischarge-induced internal short circuit in lithium-ion batteries [J]. Sci Rep, 2016, 6 (1):30248.

[160] Castrejón-sánchez V H,Solís A C,López R,et al. Thermal oxidation of copper over a broad temperature range:towards the formation of cupric oxide (CuO)[J]. Mater Res Express,2019,6(7):075909.

[161] Rodrigues M T F,Babu G,Gullapalli H,et al. A materials perspective on Li-ion batteries at extreme temperatures[J]. Nat Energy,2017,2(8):17108.

[162] Zhong G B,Mao B B,Wang C. Thermal runaway and fire behavior investigation of lithium ion batteries using modified cone calorimeter[J]. J Therm Anal Calorim, 2019, 135: 2879-2889.

[163] Ping P,Kong D P,Zhang J Q,et al. Characterization of behaviour and hazards of fire and deflagration for high-energy Li-ion cells by over-heating[J]. J Power Sources,2018,398:55-66.

[164] Zou K,Chen X,Ding Z W,et al. Jet behavior of prismatic lithium-ion batteries during thermal runaway[J]. Appl Therm Eng,2020,179:115745.

[165] Mao B B,Zhao C P,Chen H D,et al. Experimental and modeling analysis of jet flow and fire dynamics of 18650-type lithium-ion battery[J]. Appl Energy,2021,281:116054.

[166] Chen H D,Buston J E H,Gill J,et al. An experimental study on thermal runaway characteristics of lithium-ion batteries with high specific energy and prediction of heat release rate[J]. J Power Sources,2020,472:228585.

[167] Zhu S X,Han J D,Pan T S,et al. A novel designed visualized Li-ion battery for in-situ measuring the variation of internal temperature[J]. Extreme Mech Lett,2020,37:100707.

[168] Weng J W, Yang X Q,Ouyang D X,et al. Comparative study on the transversal/lengthwise thermal failure propagation and heating position effect of lithium-ion batteries[J]. Appl Energy,2019,255:113761.

[169] Hsieh T Y,Duh Y S,Kao C S. Evaluation of thermal hazard for commercial 14500 lithium-ion batteries[J]. J Therm Anal Calorim,2014,116:1491-1495.

[170] Jhu C Y,Wang Y W,Shu C M,et al. Thermal explosion hazards on 18650 lithium ion batteries with a VSP2 adiabatic calorimeter[J]. J Hazard Mater,2011,192:99-107.

[171] Chen M Y,Dongxu O Y,Liu J H,et al. Investigation on thermal and fire propagation behaviors of multiple lithium-ion batteries within the package[J]. Appl Therm Eng,2019, 157:113750.

[172] Koch S,Birke K P,Kuhn R. Fast thermal runaway detection for lithium-ion cells in large scale traction[J]. Batteries,2018,4:16.

[173] Chen W C,Li J D,Shu C M,et al. Effects of thermal hazard on 18650 lithium-ion battery under different states of charge[J]. J Therm Anal Calorim,2015,121:525-531.

[174] Golubkov A W,Fuchs D,Wagner J,et al. Thermal-runaway experiments on consumer Li-ion batteries with metal-oxide and olivin-type cathodes[J]. RSC Adv,2013,4（7）: 3633-3642.

[175] Lammer M,Königseder A,Gluschitz P,et al. Influence of aging on the heat and gas emissions from commercial lithium ion cells in case of thermal failure[J]. J Electrochem Sci Eng,2018,8（1）:101-110.

[176] Koch S,Fill A,Birke K P. Comprehensive gas analysis on large scale automotive lithium-ion cells in thermal runaway[J]. J Power Sources,2018,398:106-112.

[177] Golubkov A W,Scheikl S,Planteu R,et al. Thermal runaway of commercial 18650 Li-ion batteries with LFP and NCA cathodes-impact of state of charge and overcharge[J]. RSC Adv,2015,5（70）:57171-57186.

[178] Larsson F,Bertilsson S,Furlani M,et al. Gas explosions and thermal runaways during external heating abuse of commercial lithium-ion graphite-$LiCoO_2$ cells at different levels of ageing[J]. J Power Sources,2018,373:220-231.

[179] Li W F,Wang H W,Zhang Y J,et al. Flammability characteristics of the battery vent gas: A case of NCA and LFP lithium-ion batteries during external heating abuse[J]. J Energy Storage,2019,24:100775.

[180] Baird A R,Archibald E J,Marr K C. Explosion hazards from lithium-ion battery vent gas [J]. J Power Sources,2020,446:227257.

[181] Quintiere J G. Fundamentals of Fire Phenomena[M]. Chichester:John Wiley & Sons, 2006:35.

[182] Ohsaki T,Kishi T,Kuboki T,et al. Overcharge reaction of lithium ion batteries[J]. J Power Sources,2005,146:97-100.

[183] Zhang W X,Chen X,Chen Q P,et al. Combustion calorimetry of carbonate electrolytes used in lithium ion batteries[J]. J Fire Sci,2015,33:22-36.

[184] Said A O,Lee C,Stoliarov S I. Experimental investigation of cascading failure in 18650 lithium ion cell arrays:Impact of cathode chemistry[J]. J Power Sources,2020, 446:227347.

[185] Fernandes Y,Bry A,de Persis S. Identification and quantification of gases emitted during

abuse tests by overcharge of a commercial Li-ion battery[J]. J Power Sources,2019,389:
106-119.

[186] Sun J,Li J G,Zhou T,et al. Toxicity,a serious concern of thermal runaway from commercial Li-ion battery[J]. Nano Energy,2016,27:313-319.

[187] Sturk D,Rosell L,Blomqvist P,et al. Analysis of Li-ion battery gases vented in an inert atmosphere thermal test chamber[J]. Batteries,2019,5:61.

[188] 国家市场监督管理总局,国家标准化管理委员会. 电力储能用锂离子电池:GB/T 36276—2018[S].北京:中国标准出版社,2018.

[189] 杜珺,王瑞红. 基于三角模糊数的锂电池航空运输火灾事故树分析[J]. 交通信息与安全,2014,32(3):119-122,127.

[190] 李霜. 铁路危险货物动力锂电池运输安全评价方法研究[D]. 北京:北京交通大学,2017.

[191] Soares F J,Carvalho L,Costa I C,et al. The STABALID project:Risk analysis of stationary Li-ion batteries for power system applications[J]. Reliab Eng Syst Safe,2015,140:142-175.

[192] 王文和,何腾飞,米红甫,等. 18650型锂离子电池燃烧特性及火灾危险性评估[J].安全与环境学报,2019,19(3):729-736.

[193] 黄沛丰. 锂离子电池火灾危险性及热失控临界条件研究[D]. 合肥:中国科学技术大学,2018.

第2章 热失控喷射火焰和高温混合物特性

锂离子电池热失控过程中会因内部产生的可燃气体被点燃而喷射出火焰,并喷射出未参与燃烧的高温气体、液体和微粒的混合物,形成一股温度极高的喷射火焰和高温混合物的喷射流,对周围的人员和设备产生高温毒害风险。为了探究锂离子电池热失控过程中喷射火焰和高温混合物的危险特性,本章对喷射火焰和高温混合物的过程特征、变化特征、形态特征等进行了研究分析,并总结了其相关的危险特性。

2.1 实验装置与方法

2.1.1 实验装置

1. 充放电装置及热失控测试装置

本次实验使用三星 ICR18650-26J M 型锂离子电池,额定容量为 2600mA·h,额定电压为(3.7±0.05)V,质量为 44g。电池使用三元 NCM 正极材料,石墨作为负极材料。使用 1.0mol/L 的六氟磷酸锂(LiPF₆)溶于按 1∶1∶1(质量比)比例配制的 EC、PC 和 DEC 的混合溶剂作为电解液。具体规格和成分见表 2.1。

表 2.1　三星 ICR18650-26J M 锂离子电池规格表

电池部件	成分	质量分数/%
电解质盐	六氟磷酸锂	0.05～5
电解液溶剂	EC	
	PC	5～20
	DEC	
黏合剂、隔膜涂层	聚偏二氟乙烯(polyvinylidene fluoride,PVDF)	<1
正极材料	NCM	20～50
负极材料	石墨	10～30
正极集流体	铝	2～10
负极集流体	铜	3～15

续表

电池部件	成分	质量分数/%
钢壳和其他惰性部件	多种	平衡
隔膜(PE)		

　　为了使电池达到所需要的充电状态,本章采用电池充放电设备对电池进行程序充电和放电。采用蓝电电池测试系统,该设备共有 8 个独立通道,可按程序单独设置充放电工作模式(如静置、恒流充电、恒压充电、恒功率放电、恒流放电等),设备样式见图 2.1。

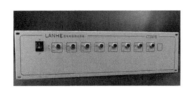

图 2.1　蓝电电池测试系统

　　图 2.2 是自制的电池热失控测试装置,由加热器、托盘、底座、石英玻璃罩、压力表和排气孔等组成。在进行电池热失控测试中,具有不同 SOC 的电池放置于测试装置的加热体中,加热体产生高温环境用于引发电池热失控。该加热体能够产生 0～400W 的加热功率以及从室温到 300℃的环境温度。

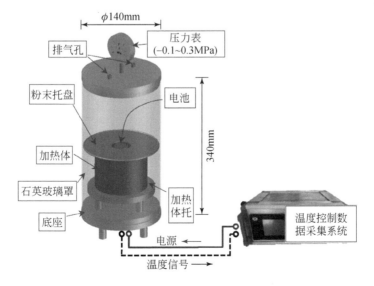

图 2.2　自制锂离子电池热失控测试装置

将锂离子电池放在加热体的预留孔中,并在电池侧面上安装温度传感器。加热体连接到采用比例-积分-微分(proportional-integral-derivative,PID)控制系统的温度控制数据采集仪上,其中闭环温度控制部分采用逐次逼近法控制加热程序。测试装置顶部有两个排气孔,底部有一个排气孔。排气孔所在位置均预留通用接口,可根据实验的需要增加排气管道、传感器等部件,以达到不同的测试功能需求。本章的测试,都是在本热失控测试装置的基础上进行适应性改造后,再进行后续实验的。

2. 热失控喷射火焰和高温混合物测试装置

图2.3所示为自制锂离子电池热失控测试装置经过改造后的热失控喷射火焰和高温混合物测试装置。测试时将自制锂离子电池热失控测试装置的容器部分,即石英玻璃罩取下,使加热体直接暴露于环境中。同时,增加一组限位装置,可以使加热体水平横置。测试中,电池随加热体的垂直状态或水平状态而实现垂直放置或水平放置。

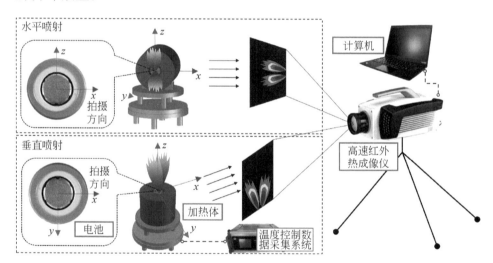

图2.3 锂离子电池热失控喷射火焰和高温混合物测试系统

喷射火焰和高温混合物由高速红外热成像仪进行拍摄。红外热成像仪采用三脚架固定在距离电池顶部水平位置5.3m处。电池顶部呈六角形排列的泄放口的对角线,被调整为垂直于拍摄方向。红外热成像仪采集帧频为100Hz,发射率设置为0.90(根据制造商的建议)。每次实验重复4次,采用2次自动曝光时间控制(auto exposure control,AEC)模式和2次固定曝光时间模式进行曝光。红外热成像仪通过网线连接到一台计算机,采集并存储捕获的数据,供后续实验操作使用。

2.1.2　实验方法

本章测试,除有特殊说明外,均在标准大气压力、25℃的室温和50%的相对湿度下进行。

1. 电池充放电方法

首先将电池以恒定电流(1C)完全放电,然后以恒定电流(0.2C)将其充电至预期 SOC 之后,再对电池施加恒定电压,直到充电电流低于 0.01C,结束充电。最后,电池静置 24h。

2. 红外热成像图像处理方法

红外热成像仪配有焦距为 50mm 的镜头。红外热成像仪拍摄到的物体的实际高度和长度可根据下列公式计算:

$$l=\frac{D_0 \times \tan\left(\frac{11}{2} \times \frac{\pi}{180}\right) \times 2}{640} \times P_l \tag{2-1}$$

$$h=\frac{D_0 \times \tan\left(\frac{8.8}{2} \times \frac{\pi}{180}\right) \times 2}{512} \times P_h \tag{2-2}$$

其中,l 为实际的水平长度,m;D_0 为红外热成像仪与热失控喷射火焰和高温混合物的距离,m;P_l 为采集的红外图像中的物体水平像素长度;h 为实际的垂直高度,m;P_h 为采集的红外图像中的物体垂直像素高度。本章中,$D_0=5.3$m,采集的红外图像最大水平和垂直像素分别为 640 和 512(即水平、垂直分辨率)。

喷射火焰和高温混合物的形态分析采用图像二值化法[1-3]来确定。在进行一段热失控过程拍摄后,通过 MATLAB 软件将红外热成像仪捕获的每一帧红外图像转换为二值图,同时保持分辨率不变。软件通过组合每一帧图像中每个点位上喷射火焰和高温混合物的像素点出现的次数,将二值图像进行计算,最终生成出现概率(以频率代替概率)矩阵。基于该矩阵可以绘制喷射火焰和高温混合物出现概率的图形,该图形描述了喷射火焰和高温混合物在特定位置出现的可能性。本章中,基于 Heskestad[4]定义的火焰高度,实验中将出现概率为 0.5 的位置点位定义为喷射火焰和高温混合物的边界。

2.2　喷射火焰和高温混合物喷射过程特征

本章基于自制锂离子电池热失控测试装置,经改造后进行热失控喷射火焰和气体、蒸气与微粒混合的高温混合物的红外热成像测试,测量不同状态下锂离子电池热失控产生的喷射火焰和高温混合物的特征规律。具体实验方案见表 2.2,其中,热失控测试装置的加热体环境温度均设置为 300℃。

表 2.2　热失控喷射火焰和高温混合物红外热成像测试实验方案

实验组	实验序号	SOC/%	加热功率/W	喷射方向
	2-1	20	400	垂直
	2-2	40	400	垂直
2-A	2-3	60	400	垂直
	2-4	80	400	垂直
	2-5	100	400	垂直
	2-6	100	200	垂直
	2-7	100	250	垂直
2-B	2-8	100	300	垂直
	2-9	100	350	垂直
	2-10(2-5)	100	400	垂直
	2-11	20	400	水平
	2-12	40	400	水平
2-C	2-13	60	400	水平
	2-14	80	400	水平
	2-15	100	400	水平
	2-16	100	200	水平
	2-17	100	250	水平
2-D	2-18	100	300	水平
	2-19	100	350	水平
	2-20(2-15)	100	400	水平

　　在拍摄过程中,红外热成像图像的捕捉和温度转换是同时进行的。锂离子电池从室温逐渐加热到热失控。随着温度升高,电池安全阀首先破裂,接着白烟从电池顶部冒出。随着烟雾逐渐变浓,最终产生剧烈的火花、喷射火焰和高温混合物,导致热失控发生。

　　当 100% SOC 的电池以 400W 加热功率加热至热失控,图 2.4(a)和(b)显示了以 0.1s 为间隔的,垂直和水平两种方式喷射的火焰和高温混合物的形态变化过程的红外热成像图像(非全过程)。图中未显示电池和加热体。这两组图像均包含

了喷射火焰和高温混合物喷射过程中的最高温度出现的那一时刻。在拍摄喷射的
过程中,将第 1 秒定义为热失控的起始时间。如图 2.4(a)所示,从拍摄的角度来
看,喷射火焰和高温混合物的垂直喷射呈现出清晰的 V 字形。热失控过程中,喷
射物的形态逐渐变大,温度不断升高。到 2.14s 时,最高温度点出现在喷射口附
近,喷射火焰和高温混合物边缘的温度也达到约 200℃。然后,喷射火焰和高温混
合物变得很弱,至 2.54s。随后火花从 2.54s 后开始越来越小,最后在 3.00s 时消
失。相反,从拍摄前方观察,图 2.4(b)中的水平喷射的火焰和高温混合物形态似
乎更加分散,因此形成一种类似集群的形态。此状态下,喷射火焰和高温混合物的
最高温度出现在 1.53s,水平喷射的热失控持续了 2.34s。

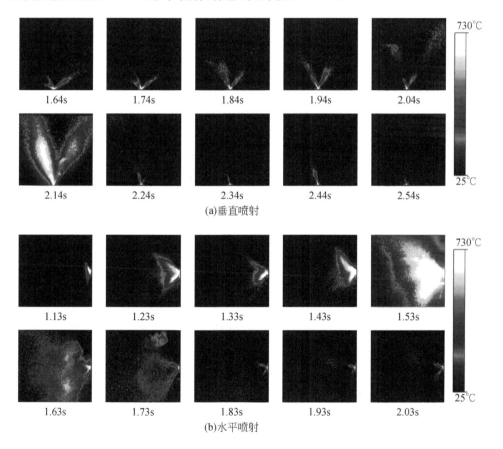

图 2.4　100% SOC 电池以 400W 加热功率加热至热失控的红外热成像图像
（彩图请扫封底二维码）

2.3 喷射火焰和高温混合物温度变化特性

如图 2.5 所示,红外热成像仪记录了喷射过程中每一帧中喷射火焰和高温混合物的最高温度的变化。最高温度点均出现在电池顶部的排气口附近,并且温度变化表现出振荡过程。

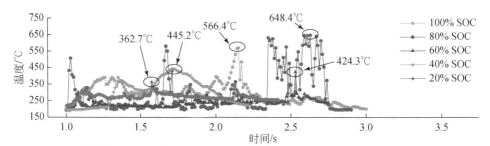

(a)垂直喷射,400W加热功率,20% SOC、40% SOC、60% SOC、80% SOC、100% SOC

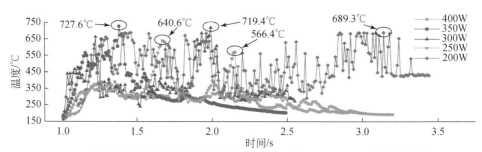

(b)垂直喷射,100% SOC,200W、250W、300W、350W、400W加热功率

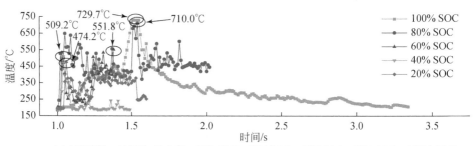

(c)水平喷射,400W加热功率,20% SOC、40% SOC、60% SOC、80% SOC、100% SOC

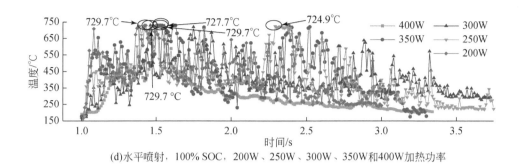

(d)水平喷射，100% SOC，200W、250W、300W、350W和400W加热功率

图 2.5 喷射火焰和高温混合物最高温度变化曲线

1. SOC 的影响

如图 2.5(a)和(c)所示，较高的 SOC(80%～100% SOC)伴随着较高的最高喷射火焰和高温混合物温度(560～730℃)。在 Zhong 等[5]采用改进的锥形量热仪进行的电池测试中，当 SOC 处于较高阶段(75%～100% SOC)时，锂离子电池的最高表面温度可达到 539～576℃。在分析锂离子电池的热失控起火行为时，SOC 通常是主要因素。SOC 的升高反映了 $Li_x C_6$ 中的锂变多，其可以与电解液溶剂反应而生成更多可燃气体[6]。此外，垂直喷射情况下，20%、40%、60%、80% 和 100% SOC 锂离子电池的喷射持续时间分别为 1.41s、1.21s、1.75s、1.90s 和 2.00s。水平喷射情况下，电池 SOC 分别为 20%、40%、60%、80% 和 100% 时，喷射时间则持续了 0.60s、0.49s、0.38s、1.02s 和 2.34s。

2. 加热功率的影响

然而，如图 2.5(b)和(d)所示，当电池 SOC 保持不变而改变外部加热功率时，最高喷射火焰和高温混合物温度几乎没有明显的规律变化趋势。但从图中可以看出，随着加热功率的降低，振荡过程却变得更加强烈。在功率较低的情况下，热失控会持续较长时间，并且最高喷射火焰和高温混合物温度会在一定范围内波动。Ouyang 等[7]发现锂离子电池的热失控临界温度随着加热功率的升高而上升。在高加热功率下，高临界温度使热失控有足够的热量来充分进行反应。这带来了喷射火焰和高温混合物的集中喷射。当加热功率降低时，下降的临界温度会导致热量不足，这只能在较短的时间内支持热失控反应。当热量再次积聚到一定值时，喷射火焰和高温混合物再次喷射而出。这可能就是最高喷射火焰和高温混合物温度表现出振荡过程的原因。

3. 喷射方向的影响

图 2.5(a)和(c)所示,在恒定功率(400W)下,当 SOC≤80%时,水平喷射显著减少了热失控的持续时间。在相同条件下,水平方向喷射时电池的热失控喷射时间较短,并且几乎在 1s 内结束;而垂直方向喷射的情况下的持续时间几乎为 2s。在水平方向喷射情况下,喷射火焰和高温混合物的最高温度整体高于在垂直喷射方向下的最高温度。在不同加热功率下加热的 100% SOC 电池也显示出类似的现象。每次实验中喷射火焰和高温混合物在水平方向喷射时的最高温度都更高,并且水平热失控喷射时间更长。值得注意的是,100% SOC 电池水平热失控喷射时,随着加热功率降低,最高喷射火焰和高温混合物温度的振荡过程变得更加剧烈。可以推测的是,在其他条件都相同的情况下,当水平放置电池时,在重力作用下电池热失控之前其内部沸腾的电解液更容易从电池顶部喷溅出。喷溅出的电解液黏附在电池的顶部表面,或在电池顶部周围挥发成蒸气。当发生热失控时,由于电池外部电解液的增加而加剧喷射反应的程度,同时由于电池内部电解液的减少而缩短了喷射的持续时间。

2.4 喷射火焰和高温混合物喷射形态特征分析

2.4.1 喷射形态特征

图 2.6 显示了在不同加热功率下或不同 SOC 时锂离子电池热失控的垂直和水平喷射的典型形态。类似于先前获得的红外热成像图像,喷射火焰和高温混合物的轮廓基本呈 V 字形。在图 2.6(a)、(c)、(e)、(g)、(i)、(k)、(m)、(o)和(q)中,纵坐标(z 方向)和横坐标(y 方向)分别表示喷射火焰和高温混合物的高度和宽度,在图 2.6(b)、(d)、(f)、(h)、(j)、(l)、(n)、(p)和(r)中,它们分别表示喷射火焰和高温混合物的宽度和长度。通过红外热成像图像处理方法,将像素图像转换为实际尺度图像。图中不同的颜色代表喷射火焰和高温混合物出现的概率。出现概率为 0.5 的位置的连线,即定义为喷射火焰和高温混合物的轮廓。连线中取最大高度或长度,即可得到喷射火焰和高温混合物的最大垂直喷射高度或水平喷射长度。

2.4.2 喷射形态变化特性

对于所有计划的实验,最大高度和长度均绘制在图 2.7 中,并通过分析喷射高度或长度随电池 SOC 或加热功率的增加的变化规律定量展示了喷射火焰和高温混合物的形态演变过程。锂离子电池 SOC 的增加或加热体加热功率的增加均会

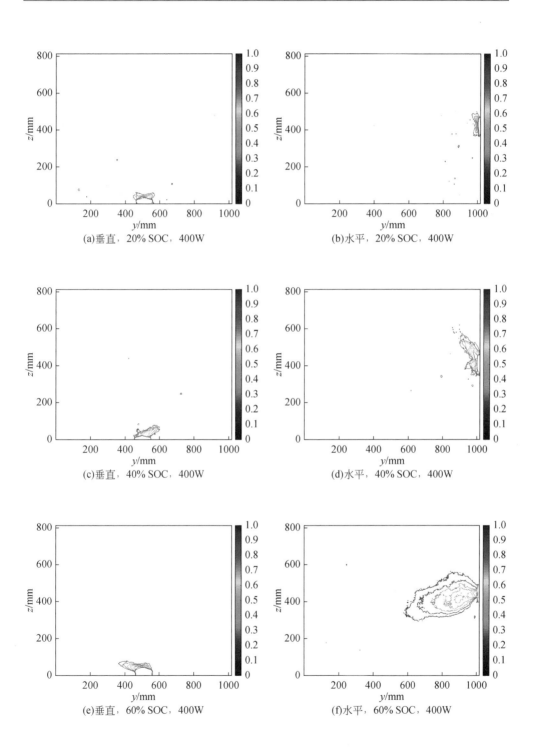

(a)垂直，20% SOC，400W

(b)水平，20% SOC，400W

(c)垂直，40% SOC，400W

(d)水平，40% SOC，400W

(e)垂直，60% SOC，400W

(f)水平，60% SOC，400W

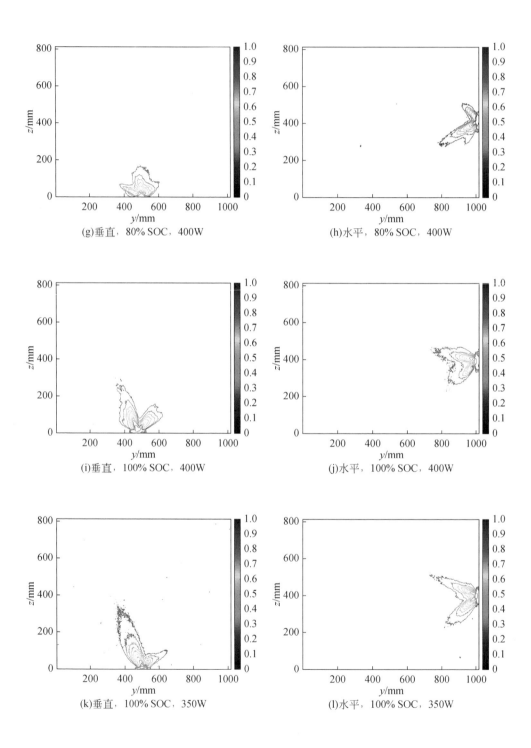

(g)垂直，80% SOC，400W

(h)水平，80% SOC，400W

(i)垂直，100% SOC，400W

(j)水平，100% SOC，400W

(k)垂直，100% SOC，350W

(l)水平，100% SOC，350W

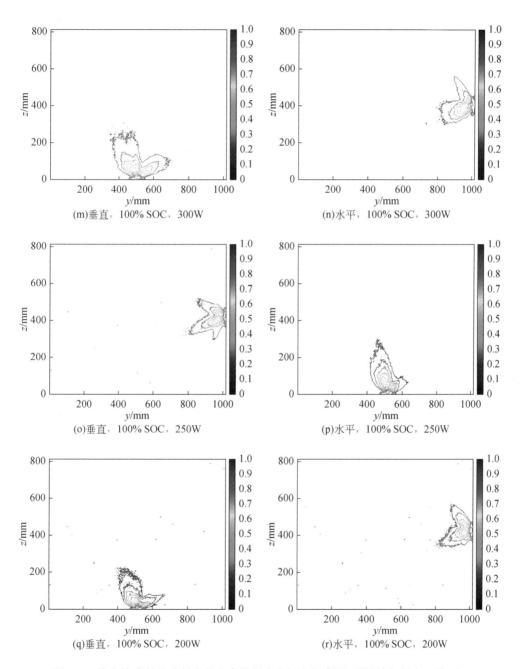

(m)垂直，100% SOC，300W

(n)水平，100% SOC，300W

(o)垂直，100% SOC，250W

(p)水平，100% SOC，250W

(q)垂直，100% SOC，200W

(r)水平，100% SOC，200W

图 2.6 热失控喷射的喷射火焰和高温混合物概率轮廓图(彩图请扫封底二维码)

使热失控时喷射火焰和高温混合物的垂直喷射高度和水平喷射长度增加。喷射的危险范围似乎与 SOC 或加热功率成正相关。能量的增加可能是喷射火焰和高温混合物喷射范围增大的原因。垂直喷射高度的峰值可达到 79.33mm,最长水平长度为 68.82mm(均在 100% SOC 和 400W 加热功率条件下)。

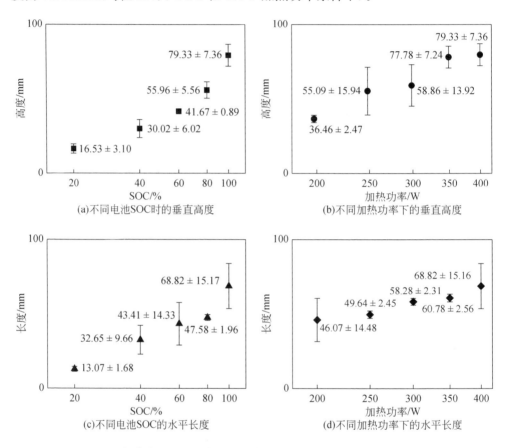

图 2.7　出现概率为 0.5 时喷射火焰和高温混合物的最大高度和最长水平长度

当锂离子电池在高温下发生热失控,其喷射火焰和高温混合物产生的原因主要是电池内部的反应以及反应生成的可燃物的燃烧作用。当温度升高,热失控发生时,锂离子电池内部 SEI 膜就会分解,产生可燃气体:

$$2Li + C_3H_4O_3(EC) \longrightarrow Li_2CO_3 + C_2H_4 \tag{2-3}$$

$$2Li + C_4H_6O_3(PC) \longrightarrow Li_2CO_3 + C_3H_6 \tag{2-4}$$

在充电过程中,SOC 随嵌入石墨负极中的锂的增加而增加。所以,锂嵌入的数量越多,在热失控过程中释放的碳氢类可燃气体越多。

Ping 等[8]的工作揭示了锂离子电池热失控产生 CO 的机理。在热失控先前的

阶段,电解液溶剂会和内部反应释放的氧气发生燃烧反应,即

$$O_2 + ROCOOR \longrightarrow CO + CO_2 + H_2O \tag{2-5}$$

同时还分析指出,随着加热强度的增加,电池将产生更多的 CO。所以,外部加热功率越高,热失控过程中的 CO 释放越多。

2.4.3　喷射形态变化预测

前人的研究针对垂直[9-11]和水平[12]喷射火焰进行了形态特征表征。基于热释放速率,建立并修正了一系列半经验模型[11,13],提出了采用无量纲的热释放速率(Q^*)来计算火焰高度[9,14-16]:

$$Q^* = \frac{Q}{\rho_\infty c_p T_\infty \sqrt{gd^5}} \tag{2-6}$$

式中,Q 是热释放速率,kW;ρ_∞ 是空气密度,kg/m³;c_p 是空气的定压比热容,J/(kg·K);T_∞ 是室温,K;g 是重力加速度,m/s²;d 是喷嘴直径,m。垂直火焰高度(L_0,m)可以表示为

$$\frac{L_0}{d} \propto Q^{*\frac{2}{5}} \tag{2-7}$$

同样,水平喷射火焰的喷射长度(L_f,m)也与 Q^{*}[17]相关,即

$$\frac{L_f}{d} \propto Q^{*0.53} \tag{2-8}$$

本章尝试将垂直高度和水平长度与无量纲的 SOC 和加热功率相关联。无量纲的 SOC(S^*)和加热功率(P^*)定义见式(2-9)和式(2-10):

$$S^* = \frac{S}{100} \tag{2-9}$$

$$P^* = \frac{P}{\rho_\infty c_p T_\infty \sqrt{gD^5}} \tag{2-10}$$

其中,D 是电池直径,mm。热失控喷射火焰和高温混合物的最大垂直高度(H)和水平长度(L)的最佳拟合结果如图 2.8(a)~(d)所示,并可通过式(2-11)(不同SOC 下的垂直喷射)、式(2-12)(不同加热功率下的垂直喷射)、式(2-13)(不同SOC 的水平喷射)以及式(2-14)(不同加热功率下的水平喷射)很好地相关联,即

$$\frac{H}{D} = 4.223 S^{*1.071} \qquad (0.20 \leqslant S^* \leqslant 1.00) \tag{2-11}$$

$$\frac{H}{D} = 0.510 P^{*1.040} \qquad (4.14 \leqslant P^* \leqslant 8.29) \tag{2-12}$$

$$\frac{L}{D} = 3.658 S^{*0.898} \qquad (0.20 \leqslant S^* \leqslant 1.00) \tag{2-13}$$

$$\frac{L}{D} = 1.078 P^{*0.591} \qquad (4.14 \leqslant P^* \leqslant 8.29) \tag{2-14}$$

如图 2.8(e) 和 (f) 所示，当电池 SOC 大于 43% 或外部加热功率大于 254W 时，喷射火焰和高温混合物的垂直喷射高度比水平喷射长度上升更快。喷射火焰和高温混合物的红外形态特征是喷射火焰以及气体、蒸气和微粒混合的高温混合物的结果，这可以用喷射源的动量和火焰浮力的耦合效应来进行物理性解释[16-19]。与燃料燃烧相关的高温通常是火焰浮力的来源[18]。所以，基于 2.4.2 节的分析，特别是式 (2-3) 和式 (2-4) 以及式 (2-5) 的机理，SOC 越高或加热功率越高，热失控产生的可燃气体越多。因此，当 SOC 大于 43% 或加热功率大于 254W 时，热失控反应将变得越来越强烈，可能会生成出更多的可燃物质参与燃烧过程，而燃烧使喷射更加猛烈并产生更多的热量。在这两个转折点之后，因高温使浮力逐渐占据主导地位，所以垂直高度的上升比水平长度的增加更加明显。

喷射火焰和高温混合物的喷射可能会严重损坏周围的设备和装置，特别是电池组中的其他电池。火焰和热量可能是热失控在电池组包装中传播扩散的两个最重要的原因。使用者还应与电池保持一定的距离。喷射火焰和高温混合物的形态直接反映了其危险范围，其经验结果可应用于电子设备和电动汽车的设计中，来确保客户或车辆部件的安全。

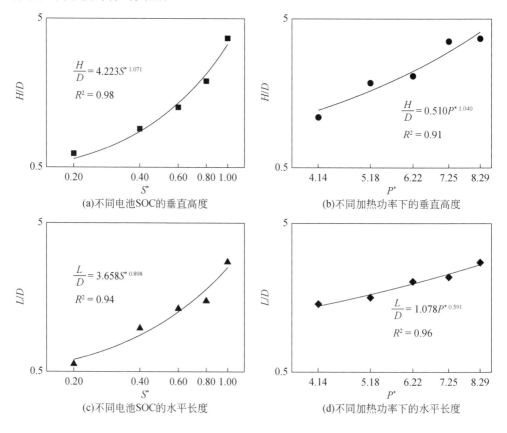

(a) 不同电池 SOC 的垂直高度

(b) 不同加热功率下的垂直高度

(c) 不同电池 SOC 的水平长度

(d) 不同加热功率下的水平长度

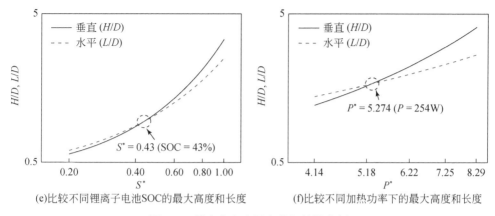

(e)比较不同锂离子电池SOC的最大高度和长度　　(f)比较不同加热功率下的最大高度和长度

图 2.8　最大高度和长度的相关性分析

2.5　喷射火焰和高温混合物危险性分析

锂离子电池热失控喷射火焰和高温混合物的危险性来源于两个方面:一是单体电池的喷射火焰和高温混合物对周围人员和设备的伤害;二是电池组中,单体电池的喷射火焰和高温混合物的喷射和扩散对周边电池产生的高温,可能会导致热失控的传播,引发大规模的电池组热失控,继而引发更加剧烈的后果。

1.周围人员和设备伤害

喷射火焰和高温混合物对周围人员和设备的伤害,除了在喷射距离范围内的直接高温灼烫作用外,在喷射距离之外的附近区域,热辐射也是造成伤害的重要来源。通常情况下,热辐射对人员和设备的伤害程度主要取决于受热辐射的强度和时间,见表 2.3。

表 2.3　热辐射强度、时间和伤害程度的关系[20]

热辐射强度/(kW/m²)	人员伤害程度	设备损害程度
37.5	1%死亡/10s;100%死亡/1min	操作设备严重损坏
25.0	重大烧伤/10s;10%死亡/1min	在无火焰、长时间辐射下,点燃木材燃烧的最小能量,设备钢结构变形
12.5	1度烧伤/10s;1%死亡/1min	有火焰时,点燃木材,熔化塑料的最低能量
4.0	20s以上感觉疼痛,可能烧伤,未必起泡	30min玻璃破碎
1.6	长时间辐射无不舒适感	—

2.热失控传播

热失控的发生,主要是高温对锂离子电池内部的破坏作用以及高温促使热失控化学反应的发生,包括但不限于:①对 SEI 膜的破坏,导致电极暴露于电解液;②使隔膜熔化,导致正负极直接接触而短路;③电解液沸腾;④高温促使反应加剧等。

江凤伟[21]研究了敞开或封闭环境条件下,锂离子电池间距对热失控传播的影响,发现在敞开环境下,并列布置[图 2.9(a)]的电池间距大于 2mm 时便很难发生热失控传播,轴向布置[顶部对尾部同方向布置,见图 2.9(b)]的电池间距在大于 8mm 时,便很难发生热失控传播;在封闭环境下,并列布置的电池间距大于 4mm时,便很难发生热失控传播。

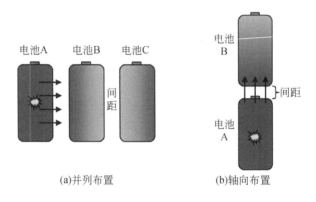

图 2.9　锂离子电池组热失控传播间距研究[21]

从研究结果来看,轴向布置的电池发生热失控传播的间距大于并列布置的电池。由于喷射火焰和高温混合物通常是沿电池轴向向顶部或与顶部呈一定倾斜锐角喷射,在喷射作用下,当电池组两层排列时,高温直接作用于被传播的电池底部,使得热失控的传播相对更加容易,所以需要更大的安全距离。同时,虽然喷射的时间通常较短,但可能由于其具有较高的温度,所以可使放置在电池顶部的第二颗电池迅速达到热失控所需要的温度,从而引发第二颗电池热失控,继而发生热失控传播。

因此,单体电池热失控产生的喷射火焰和高温混合物既有对周围人员和设备的危害,也有引发热失控传播的可能性。这些都构成了喷射火焰和高温混合物的危险性,在实际生产实践中,应当根据此类危险发生的原因和后果,设计具有针对性的防护措施,如顶部隔热板或者其他降温、隔离措施。

2.6　本章小结

　　本章研究表征了锂离子电池热失控过程中的喷射火焰和气体、液体和微粒混合的高温混合物的特征和规律,分析了喷射火焰和高温混合物的过程特性、温度变化特性和形态演变过程,揭示了喷射火焰和高温混合物的风险范围,并建立了经验模型进行预测。主要结论归纳如下:

　　(1)从正面观察,喷射火焰和高温混合物的垂直喷射呈现出清晰的 V 字形,而水平喷射似乎更加散开。

　　(2)最高喷射火焰和高温混合物温度变化呈现出振荡过程。较高的 SOC 伴随着较高的喷射火焰和高温混合物温度。在恒定的加热功率下,当 SOC≤80％时,水平喷射大大减少了热失控的时间。

　　(3)热失控喷射的危险范围与 SOC 或加热功率成正相关。喷射火焰和高温混合物的垂直喷射最高高度为 79.33mm,最长水平长度为 68.82mm。

　　(4)式(2-11)～式(2-14)中的模型建立预测了不同 SOC 或不同加热功率下喷射火焰和高温混合物的最大垂直喷射高度和水平喷射长度之间的关系。

参 考 文 献

[1] Mao B B,Zhao C P,Chen H D. Experimental and modeling analysis of jet flow and fire dynamics of 18650-type lithium-ion battery[J]. Appl Energy,2021,281:116054.

[2] Huang P F,Wang Q S,Li K,et al. The combustion behavior of large scale lithium titanate battery[J]. Sci Rep,2015,5:7788.

[3] Tao C F,Shen Y,Zong R W. Experimental determination of flame length of buoyancy-controlled turbulent jet diffusion flames from inclined nozzles[J]. Appl Therm Eng,2016,93:884-887.

[4] Heskestad G. Luminous heights of turbulent diffusion flames[J]. Fire Safety J,1983,5(2):103-108.

[5] Zhong G B,Mao B B,Wang C,et al. Thermal runaway and fire behavior investigation of lithium ion batteries using modified cone calorimeter[J]. J Therm Anal Calorim,2019,135:2879-2889.

[6] Wang Q S,Mao B B,Stoliarov S I,et al. A review of lithium ion battery failure mechanisms and fire prevention strategies[J]. Prog Energy Combust Sci,2019,73:95-131.

[7] Ouyang D X,Chen M Y,Wang J. Fire behaviors study on 18650 batteries pack using a cone-calorimeter[J]. J Therm Anal Calorim,2019,136:2281-2294.

[8] Ping P,Kong D P,Zhang J Q,et al. Characterization of behaviour and hazards of fire and deflagration for high-energy Li-ion cells by over-heating[J]. J Power Sources,2018,398:55-66.

[9] Heskestad G. Luminous heights of turbulent diffusion flames[J]. Fire Safety J,1983,5(2): 103-108.

[10] Hu L H,Wang Q,Tang F,et al. Axial temperature profile in vertical buoyant turbulent jet fire in a reduced pressure atmosphere[J]. Fuel,2013,106:779-786.

[11] Hu L H,Zhang X C,Zhang X L,et al. A re-examination of entrainment constant and an explicit model for flame heights of rectangular jet fires[J]. Combust Flame,2014,161(11): 3000-3002.

[12] Zhao Y,Lai J B,Lu L. Numerical modeling of fires on gas pipelines[J]. Appl Therm Eng, 2011,31(6-7):1347-1351.

[13] Quintiere J G,Grove B S. A unified analysis for fire plumes[J]. Symposium (International) on Combustion,1998,27(2):2757-2766.

[14] Heskestad G. On Q^* and the dynamics of turbulent diffusion flames[J]. Fire Safety J, 1998,30(3):215-227.

[15] Heskestad G. Turbulent jet diffusion flames: Consolidation of flame height data[J]. Combust Flame,1999,118(1-2):51-60.

[16] Liu J H,Zhang X C,Xie Q M. Flame geometrical characteristics of downward sloping buoyant turbulent jet fires[J]. Fuel,2019,257:116112.

[17] Mogi T,Shiina H,Wada Y,et al. Experimental study on the hazards of the jet diffusion flame of liquefied dimethyl ether[J]. Fuel,2011,90(7):2508-2513.

[18] Peters N,Göttgens J. Scaling of buoyant turbulent jet diffusion flames[J]. Combust Flame,1991,85(1-2):206-214.

[19] Kim J S,Yang W,Kim Y,et al. Behavior of buoyancy and momentum controlled hydrogen jets and flames emitted into the quiescent atmosphere[J]. J Loss Prevent Proc,2009,22 (6):943-949.

[20] 宋波,陈涛,胡成,等. 油罐全液面火灾热辐射特性研究[J]. 常州大学学报(自然科学版), 2020,32(1):1-7.

[21] 江凤伟. 锂离子电池组热失控传播特性及影响因素研究[D]. 南京:南京工业大学,2018.

第3章 热失控固体产物特性

锂离子电池热失控喷射流中还包含一定量的固体成分,在热失控后期,冷却、沉淀后形成固体粉末,这种固体粉末具有一定的毒害危险性,可能会产生一定的危害。其成分也有助于分析锂离子电池热失控的形成机理,研究锂离子电池热失控的发生过程和危险后果。

同时为研究喷射固体粉末的理化特性,本章还针对喷射固体粉末进行了一系列的实验分析,包括典型过程中喷射固体粉末的成分分析和不同条件下喷射固体粉末的特性分析,研究其特征、成分、特性和毒害性,并总结了其可能产生的危险性。

3.1 实验装置与方法

3.1.1 实验装置

1. 热失控喷射固体粉末收集装置

在进行热失控喷射固体粉末收集实验时,使用图 2.2 中自制锂电池热失控测试装置作为固体喷射粉末收集装置。电池在加热过程中一旦被加热到一定温度,电池的安全阀将开启,释放出失控前气体。随着加热过程的进行,剧烈热失控发生,并伴随着气体和粉末的喷射,最终发生起火甚至爆炸。收集装置顶部的一个气孔连接带有过滤器的管路,过滤器可防止喷射气体超压并将固体粉末留在容器中。喷射的固体粉末掉到测试容器的托盘上,打开石英玻璃罩后,用刷子将其收集到研钵中,以进行进一步的仪器分析。

2. 热失控喷射固体粉末测试装置

为了确定固体喷射粉末的主要成分,在典型过程条件下,将 100% SOC 电池以400W 的加热功率以及 300℃ 的环境温度在空气气氛中加热至热失控。使用一系列成分分析仪器进行固体成分分析(表 3.1 和图 3.1)。由于固体喷射粉末成分的复杂性,所以实验选择了不同测试范围和原理的不同类型的仪器。但是,在测试中,某些组分会不可避免地在各测试中重复出现,这些结果可以相互支撑其有效性。

表 3.1　成分分析仪器列表

测试	仪器	功能
FTIR	赛默飞世尔尼高力 iS10(美国)	通过识别化学键确定物质成分
GC-MS	安捷伦 7890B-5977A(美国)	分离、识别和定量检测复杂的混合物(用甲苯和甲醇预处理[1,2])
XRF	帕纳科 AxiosMAX(荷兰)	确定材料的元素组成(波长色散型)
XRD	普析通用 XD-3(中国)	进行晶相识别并提供有关晶格尺寸的信息
SEM	Obducat CamScan 公司 Apollo 300(英国)	提供样品的形貌图像
EDS	Obducat CamScan 公司 INCA X-Max 20(英国)	确定组成样本的元素的类型和含量

　　FTIR 技术指的是傅里叶变换红外光谱分析,利用数学过程(傅里叶变换)将原始数据(干涉图)转化为实际光谱。FTIR 的原理基于红外光谱学,利用了分子吸收红外辐射的能力。在红外吸收频率 $600\sim4000\mathrm{cm}^{-1}$ 的范围内,样品中主要的特定分子基团可以通过光谱数据确定[3,4]。

　　GC-MS 技术指的是将气相色谱仪与质谱分析仪联用而进行物质分析。气相色谱法(gas chromatography,GC)通常采用氦、氮或氢作为载气,称为流动相。固定相是在分离过程中相对固定不动的、用于保留样品的一相,位于被称为色谱柱的玻璃或金属毛细管内。所分析的样品与柱内的固定相相互作用,使流动相中的每

(a)傅里叶变换红外光谱仪

(b)气相色谱–质谱联用仪

(c)X射线荧光光谱分析仪

(d)X射线衍射分析仪

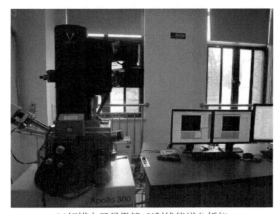

(e)扫描电子显微镜+X射线能谱分析仪

图 3.1　成分分析仪器

种组分暴露于固定相。流动相中的每种成分在柱内的固定相上的保留时间不同,所以可以在不同的时间后洗脱。质谱法(mass spectrometry,MS)测量的是固体、液体或气体样品中离子的质荷比。样品受到电子的轰击从而发生电离。由此产生的粒子就带上电荷,并且要么断裂,要么保留其整个结构。将这些带电粒子置于电场或磁场中,可以将它们按质荷比分开,并计算带电分子到探测器的偏转路径,由此产生光谱信号,用于确定粒子的分子量,从而确定其化学结构[5]。

　　XRF 指的是 X 射线荧光光谱法(X-ray fluorescence spectrometry),其工作原理是用 X 射线管发出的 X 射线束照射样品,使样品中的每个元素发出特征 X 射线荧光。探测器测量每个 X 射线的能量和强度(特定能量下每秒 X 射线的数量),并使用非标准技术(如基本参数或用户生成的校准曲线)将其转换为元素浓度。元素的存在由元素的特征 X 射线发射波长或能量确定。通过测量元素特征 X 射线发射的强度来量化元素的含量。波长色散型 X 射线荧光分析,是通过测定荧光 X 射线的波长来确定物质的种类[6]。

　　XRD 指的是 X 射线衍射(X-ray diffraction),其基本原理是物质的晶体结构使得入射的 X 射线束向许多特定方向发生衍射。晶体中电子密度的三维图像则可以通过测量这些衍射光束的角度和强度并进行分析后获得。根据获得的电子密度的三维图像,可以确定相关原子在晶体中的平均位置、化学键、晶体无序度以及其他各种信息,从而确定物质种类[7]。

　　SEM 指的是扫描电子显微镜(scanning electron microscope),其原理是利用一种电子显微镜产生聚焦的电子束来扫描样品的表面,并生成图像。电子与样品中的原子相互作用,有关样品的表面形貌和组成的信息包含在测量产生的各种信号中。电子束以光栅扫描图案进行扫描测试,其测试位置与检测获得的信号强度相结合,即可产生图像[8]。

EDS 指能量色散 X 射线谱(X-ray energy dispersive spectrum),是用于识别和量化微米或更小的样品区域元素组成的标准程序。当在电子束仪器(如 SEM)中用电子轰击材料时,会产生特征性 X 射线[9],通过特征曲线及强度识别元素及其含量。

3. 喷射固体粉末热分析及粉尘爆炸测试

本节还收集了在不同热滥用条件下从锂离子电池热失控喷射出的固体粉末。由于喷射固体粉末的特殊性和复杂性,目前文献中还鲜有研究。因此,为了更加深入、全面地研究其特性规律,选择的热滥用条件包含不同充电状态、不同加热功率、不同环境温度或不同气体气氛等,特性测试仪器详见表 3.2 和图 3.2。

表 3.2 特性测试仪器列表

测试	仪器	功能
TGA-DSC 同步热分析	梅特勒托利多 TGA/DSC3+(美国)	热重-差热同步热分析
粒径分布测试(particle size distribution,PSD)	丹东百特 BT-1600(中国)	颗粒粒径分布测试
粉尘爆炸测试	东北大学 20L 球形爆炸测试仪(中国)	粉尘爆炸性测试

TGA-DSC 同步热分析指的是将热重分析(thermogravimetry analysis,TGA)与 DSC 同步进行的分析方法。TGA 是一种热分析方法,随着温度的上升、降低或者保持恒温等条件,按时间推移记录样品的质量变化。这种方法可以提供样品相关物理变化的信息(如相变、吸收、吸附和解吸)以及化学变化[包括化学吸附、热分解和固体-气体反应(如氧化还原反应)][10]。DSC 是一种热分析技术,测量温度升高时样品温度和参比温度的热量差异(功率差)与温度的关系[11]。

粒径分布测试主要用于测量颗粒的粒径分布规律,粉尘爆炸性测试用于测试被测粉尘是否具有爆炸性,以及爆炸的压力和压力上升速率等数据。

(a)TGA-DSC设备

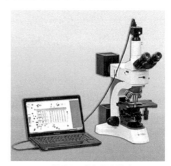

(b)粒径分布测试设备

(c)粉尘爆炸测试设备

图 3.2　特性测试仪器

3.1.2　实验方法

本章测试,除有特殊说明外,均在标准大气压力、25℃的室温和 50% 的相对湿度下进行。

1. 成分测试、热分析及粉尘爆炸测试方法

成分测试中,测试样品为典型过程条件下的原始样品喷射固体粉末,以及三种经过预处理的原始样品(甲苯不溶物,甲苯可溶、甲醇不溶物,甲苯、甲醇可溶物)。甲苯和甲醇的预处理是为了从原始样品中提取出不同种类的有机化学物,将其分类以更进一步进行成分分析。在 SEM 测试之前,将喷射的固体粉末放入研钵中进行研磨、粉碎并在干燥箱中放置 24h,进而避免颗粒聚集。成分测试的实验测试流程如图 3.3 所示。

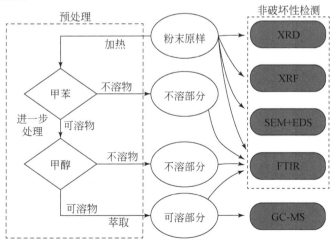

图 3.3　成分测试步骤流程图

2. 热分析及粉尘爆炸测试方法

同步热分析过程使用 TGA-DSC 测试。测试样品为不同滥用条件下电池热失控的喷射固体粉末原样,放置于氧化铝坩埚中,加热的温度范围为 25～1000℃,加热速率为 10℃/min,氮气气氛吹扫。实验结果采用基线调整 DSC 曲线,用 TGA 曲线的一阶导数计算出热重变化率(derivativ thermogravimetry,DTG)曲线。

粒径测试样品为不同滥用条件下电池热失控的喷射固体粉末原样,经取样、悬浮、分散后,进行图像采集和图像分析。

粉尘爆炸测试采用东北大学工业爆炸及防护研究所制造的 20L 球形爆炸测试仪进行测试。在爆炸试验中,首先,将定量的原样固体喷射粉末(0.6～40g)放入 20L 球形爆炸容器的进料口。然后,通过真空系统将设备抽真空至 -0.06MPa。最后,当按下测试按钮时,粉末被高压空气(2MPa)吹散到球形容器中,点火装置开始点火。所有测试数据均由传感器、采集系统和计算机收集并记录。

3.2 喷射固体粉末过程及粉末特征

本节基于自制锂离子电池热失控测试装置,收集锂离子电池热失控时伴随产生的喷射固体粉末。在喷射固体粉末成分分析测试时,在典型过程条件下将 100% SOC 电池以 400W 的加热功率以及 300℃ 的环境温度,在空气中加热至热失控,收集粉末后进行测试。

在进行特性测试时,由于喷射固体粉末的特殊性和复杂性,目前文献中还鲜有研究。因此,为了更加进一步深入地研究其特性规律,在测试前收集了不同充电状态、不同加热功率、不同环境温度或不同气体气氛下锂离子电池热失控产生的喷射固体粉末,然后研究其特征规律。本部分具体的实施方案计划见表 3.3。

表 3.3 热失控喷射固体粉末特性测试所需样品的收集方案

实验组	实验序号	SOC/%	加热功率/W	环境温度/℃	气体气氛
	3-1	40	400	300	空气
	3-2	60	400	300	空气
3-A	3-3	80	400	300	空气
	3-4	100	400	300	空气

续表

实验组	实验序号	SOC/%	加热功率/W	环境温度/℃	气体气氛
	3-5	100	400	180	空气
3-B	3-6	100	400	220	空气
	3-7	100	400	260	空气
	3-8(3-4)	100	400	300	空气
	3-9	100	100	300	空气
3-C	3-10	100	200	300	空气
	3-11	100	300	300	空气
	3-12(3-4)	100	400	300	空气
	3-13	40	400	300	氩气
3-D	3-14	60	400	300	氩气
	3-15	80	400	300	氩气
	3-16	100	400	300	氩气
	3-17	100	400	180	氩气
3-E	3-18	100	400	220	氩气
	3-19	100	400	260	氩气
	3-20(3-16)	100	400	300	氩气
	3-21	100	100	300	氩气
3-F	3-22	100	200	300	氩气
	3-23	100	300	300	氩气
	3-24(3-16)	100	400	300	氩气

锂离子电池的热失控过程涉及喷射高温物质和可燃物质的燃烧。图 3.4 显示

(a)初始时刻　　　　　　　　　(b)喷射时刻

图 3.4　收集装置中的热失控喷射过程

了喷射粉末收集装置中锂离子电池发生热失控时的初始时刻和喷射时刻。结果表明,热失控过程中的喷射过程是非常剧烈的。在图 3.4(b)中,被石英玻璃罩阻拦的喷射火花,在内壁上留下了明显的黑点。可以推测,在喷射的第一阶段中,喷射流很集中并且相对不强烈,因此黏附到内壁上。收集到的喷射固体粉末如图 3.5所示。

图 3.5　喷射固体粉末的外观

3.3　典型过程中喷射固体粉末成分分析

本节实验首先对典型过程条件下热失控产生的喷射固体粉末的形貌特征采用SEM 进行分析,在总体观察粉末的微观特征后,对观察区域内具有特征形貌的颗粒进行 EDS 点扫分析,观察其组成元素。随后,利用 FTIR、XRD 和 GC-MS 表征粉末的组成物质成分。喷出的粉末主要由碳、有机物、碳酸盐、金属及金属氧化物和杂质组成。最后,为了确定喷出粉末中包含的所有元素,进行了定量 XRF 测试。

3.3.1　粉末形貌及特征颗粒分析

如图 3.6 所示,喷射固体粉末的微观结构显示出不同的颗粒形式。在进行SEM 测试之前,喷射的固体粉末被研磨、粉碎并在干燥箱中放置 24h,以避免颗粒聚集。在该图中,标记了 EDS 点扫的位置。通过 EDS 点扫分析,对具有代表性外观的特定颗粒进行了半定量分析,相关结果如图 3.7 及表 3.4 所示。具有相对光滑表面的颗粒主要包含碳,而金属和金属氧化物颗粒的表面则相对粗糙。从

图 3.6 和图 3.7 可以看出,位置 01、04、07、10 和 12 处的颗粒具有相对光滑的表面,并且主要成分是碳元素。这些相对较大的颗粒可能是石墨颗粒[12],并且每个颗粒上都附着少量的金属氧化物和炭黑。位置 02 的颗粒包含铝元素和氧元素。粒子以球体的形式出现,并被一层半透明的物质覆盖。该颗粒可能由铝及表面氧化铝膜组成。位置 03、09 和 11 处的颗粒主要由碳酸盐(如碳酸锰)形成的颗粒组成,具有相对粗糙的颗粒状表面。位置 05 处的颗粒由碳和碳酸盐的混合物组成。位置 06 处的有机小分子附着在相对较大的碳表面上。位置 08 处的颗粒主要包含铜和铝及它们的氧化物。

图 3.6　典型的喷射固体粉末 SEM 图像及 EDS 点扫点位

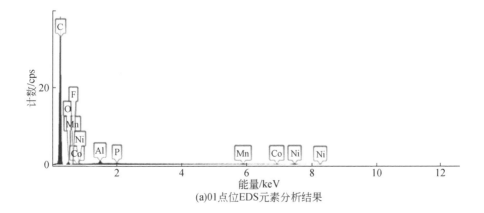

(a)01点位EDS元素分析结果

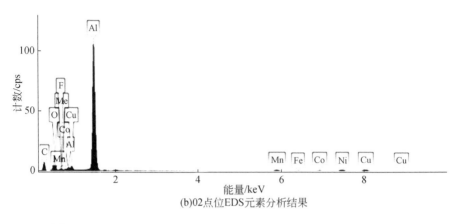

(b)02点位EDS元素分析结果

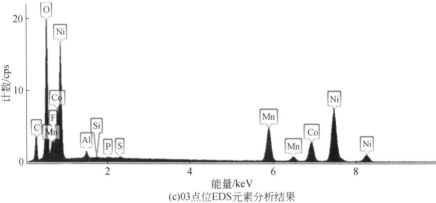

(c)03点位EDS元素分析结果

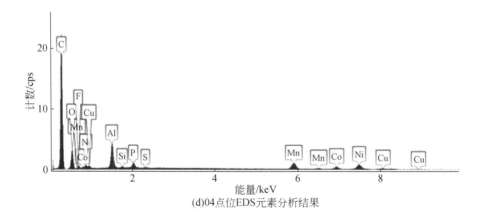

(d)04点位EDS元素分析结果

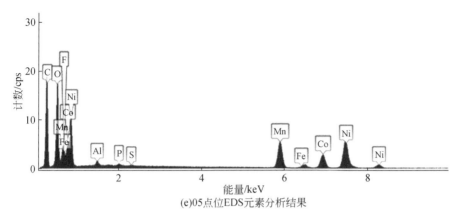

(e)05点位EDS元素分析结果

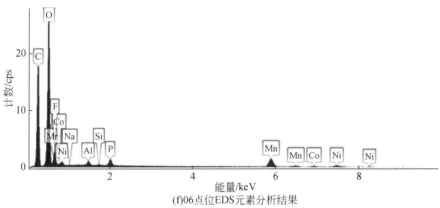

(f)06点位EDS元素分析结果

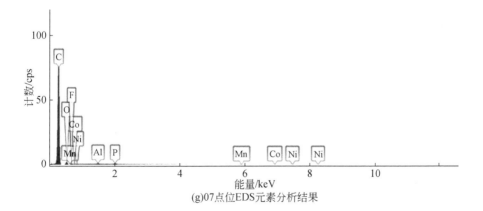

(g)07点位EDS元素分析结果

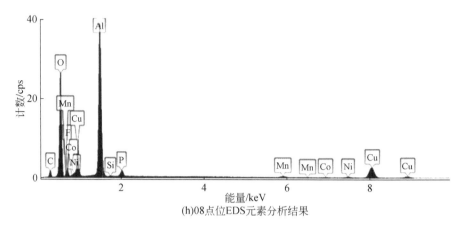

(h)08点位EDS元素分析结果

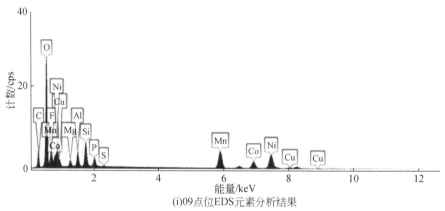

(i)09点位EDS元素分析结果

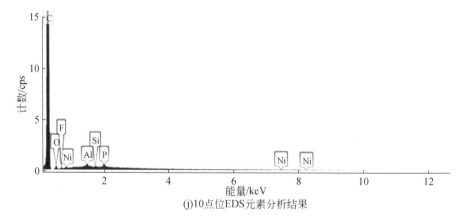

(j)10点位EDS元素分析结果

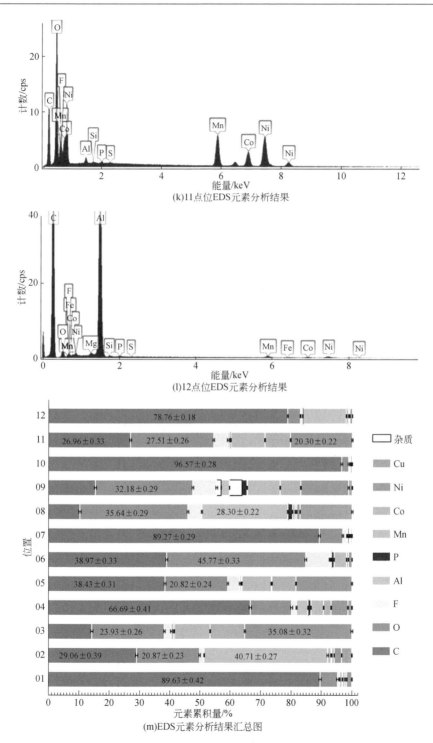

(k)11点位EDS元素分析结果

(l)12点位EDS元素分析结果

(m)EDS元素分析结果汇总图

图 3.7　EDS 测试结果(彩图请扫封底二维码)

表 3.4 EDS 元素分析结果汇总表

位置	质量分数/%									杂质
	C	O	F	Al	P	Mn	Co	Ni	Cu	
12	78.76±0.18	4.12±0.14	0.68±0.07	14.25±0.09	0.06±0.01	0.61±0.04	0.35±0.04	0.79±0.05	未检出	Fe,Si,S,Mg
11	26.96±0.33	27.51±0.26	4.76±0.27	0.64±0.04	0.18±0.03	11.15±0.14	8.33±0.15	20.30±0.22	未检出	Si,S
10	96.57±0.28	2.23±0.23	0.54±0.12	0.17±0.04	0.29±0.04	未检出	未检出	0.12±0.09	未检出	Si
09	15.38±0.38	32.18±0.29	7.94±0.31	2.78±0.07	1.62±0.06	10.72±0.16	6.71±0.15	15.74±0.23	1.18±0.13	Si,S,Mg
08	10.30±0.39	35.64±0.29	4.66±0.19	28.30±0.22	1.35±0.06	0.90±0.07	0.49±0.08	1.08±0.10	17.15±0.25	Si
07	89.27±0.29	7.70±0.25	1.35±0.12	0.34±0.03	0.37±0.03	0.35±0.05	0.23±0.05	0.38±0.07	未检出	未检出
06	38.97±0.33	45.77±0.33	8.10±0.30	0.44±0.03	0.72±0.04	4.11±0.10	0.59±0.06	1.15±0.09	未检出	Si,Na
05	38.43±0.31	20.82±0.24	4.01±0.24	0.48±0.04	0.17±0.03	9.58±0.12	7.82±0.14	18.39±0.20	未检出	Fe,S
04	66.69±0.41	13.44±0.33	1.63±0.17	3.81±0.08	0.76±0.05	4.17±0.13	2.49±0.14	5.47±0.19	1.27±0.16	Si,S
03	14.29±0.39	23.93±0.26	2.31±0.30	0.83±0.06	0.07±0.04	11.82±0.16	11.49±0.20	35.08±0.32	未检出	Si,S
02	29.06±0.39	20.87±0.23	1.49±0.12	40.71±0.27	未检出	1.05±0.06	0.78±0.06	2.38±0.09	3.35±0.12	Fe
01	89.63±0.42	5.74±0.34	0.65±0.16	0.83±0.06	0.19±0.05	0.74±0.10	0.55±0.12	1.66±0.16	未检出	未检出

3.3.2　粉末组成物质分析

图 3.8 描述了热失控喷射固体粉末成分 FTIR 分析的结果,其中图 3.8(a)是喷射固体粉末的原样红外谱图,体现的是碳酸盐的信息;图 3.8(b)是甲苯不溶物的红外谱图,体现的是金属氧化物的信息;图 3.8(c)是甲醇不溶物的红外谱图,体现的是聚丙烯(PP)的信息;图 3.8(d)是甲醇可溶物的红外谱图,体现的是硅树脂的信息。

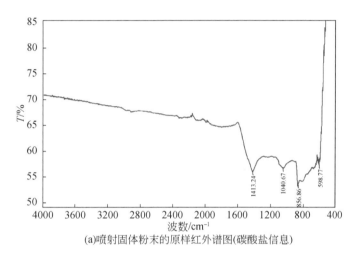

(a)喷射固体粉末的原样红外谱图(碳酸盐信息)

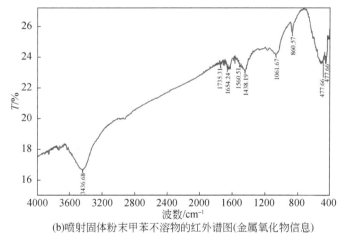

(b)喷射固体粉末甲苯不溶物的红外谱图(金属氧化物信息)

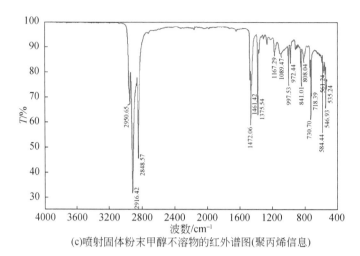

(c)喷射固体粉末甲醇不溶物的红外谱图(聚丙烯信息)

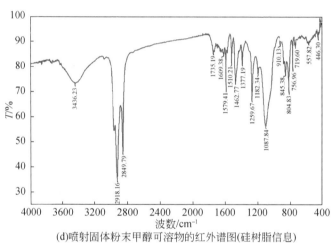

(d)喷射固体粉末甲醇可溶物的红外谱图(硅树脂信息)

图 3.8 热失控喷射固体粉末成分 FTIR 分析结果

图 3.9 是热失控喷射固体粉末原样的 XRD 谱图,主要是碳、二氧化硅、金属铝、碳酸锰的信息。

图 3.10 是热失控喷射固体粉末甲醇可溶物的总离子色谱(total ionic chromatography,TIC)图,主要体现了有机硅、苯系物及其衍生物、烯烃及其衍生物的信息。

图 3.11 展示了热失控喷射固体粉末甲醇可溶物经过气相色谱分离的各组成成分的质谱图,表 3.5 汇总列出了在 FTIR、XRD 和 GC-MS 测试中发现的物质。

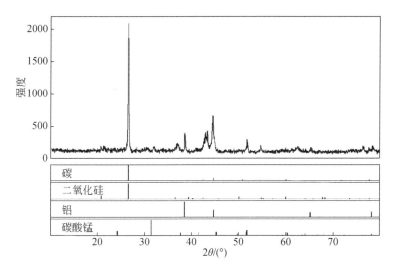

图 3.9　热失控喷射固体粉末原样的 XRD 谱图（碳、二氧化硅、金属铝和碳酸锰信息）

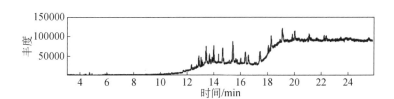

图 3.10　热失控喷射固体粉末甲醇可溶物的 TIC 图

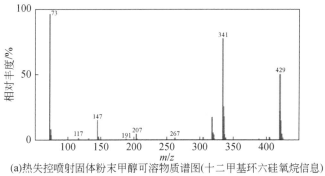

(a)热失控喷射固体粉末甲醇可溶物质谱图(十二甲基环六硅氧烷信息)

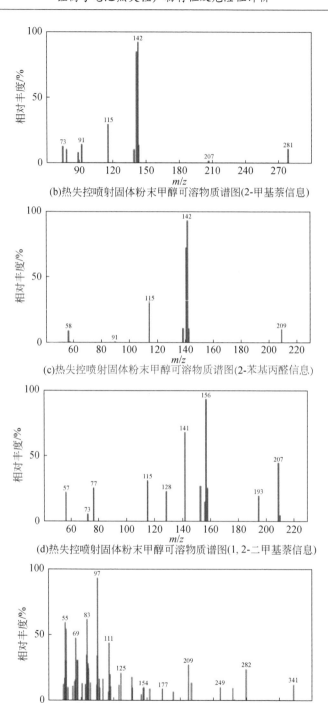

(b)热失控喷射固体粉末甲醇可溶物质谱图(2-甲基萘信息)

(c)热失控喷射固体粉末甲醇可溶物质谱图(2-苯基丙醛信息)

(d)热失控喷射固体粉末甲醇可溶物质谱图(1,2-二甲基萘信息)

(e)热失控喷射固体粉末甲醇可溶物质谱图(1-十九烯信息)

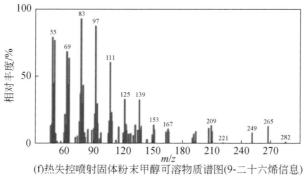

(f)热失控喷射固体粉末甲醇可溶物质谱图(9-二十六烯信息)

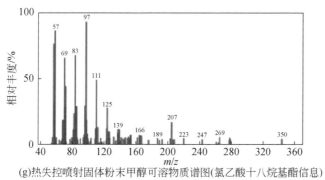

(g)热失控喷射固体粉末甲醇可溶物质谱图(氯乙酸十八烷基酯信息)

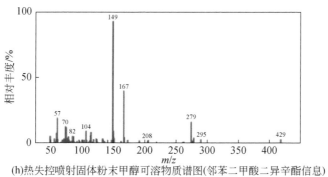

(h)热失控喷射固体粉末甲醇可溶物质谱图(邻苯二甲酸二异辛酯信息)

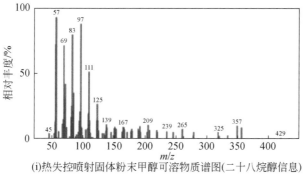

(i)热失控喷射固体粉末甲醇可溶物质谱图(二十八烷醇信息)

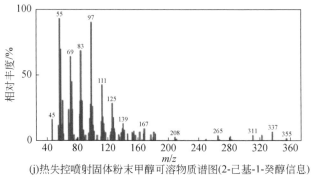

(j)热失控喷射固体粉末甲醇可溶物质谱图(2-己基-1-癸醇信息)

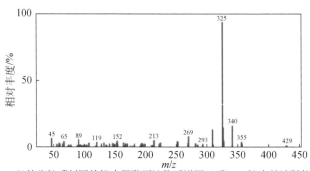

(k)热失控喷射固体粉末甲醇可溶物质谱图(双酚A二缩水甘油醚信息)

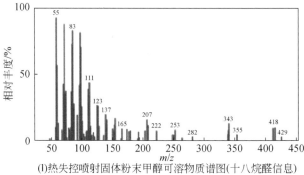

(l)热失控喷射固体粉末甲醇可溶物质谱图(十八烷醛信息)

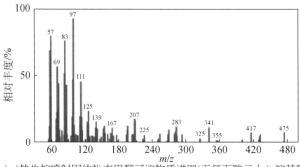

(m)热失控喷射固体粉末甲醇可溶物质谱图(五氟丙酸三十八烷基酯信息)

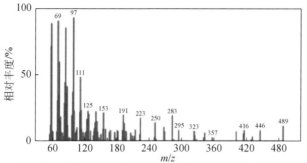

(n)热失控喷射固体粉末甲醇可溶物质谱图(溴乙酸十八烷基酯信息)

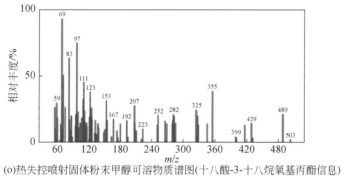

(o)热失控喷射固体粉末甲醇可溶物质谱图(十八酸-3-十八烷氧基丙酯信息)

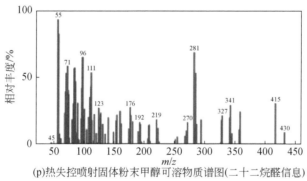

(p)热失控喷射固体粉末甲醇可溶物质谱图(二十二烷醛信息)

图 3.11　热失控喷射固体粉末甲醇可溶物质谱图

表 3.5　FTIR、XRD 及 GC-MS 测试的成分组成

测试	样品	物质
	原样	碳酸根(CO_3^{2-})
FTIR	甲苯、甲醇可溶物	硅树脂
	甲苯可溶、甲醇不溶物	聚丙烯
	甲苯不溶物	金属氧化物

测试	样品	物质
XRD	原样	碳
		二氧化硅(SiO_2)
		铝(Al)
		碳酸锰($MnCO_3$)
GC-MS	甲苯、甲醇可溶物	十二甲基环六硅氧烷($C_{12}H_{36}O_6Si_6$)
		2-甲基萘($C_{11}H_{10}$)
		2-苯基丙醛($C_9H_{10}O$)
		1,2-二甲基萘($C_{12}H_{12}$)
		1-十九烯($C_{19}H_{38}$)
		9-二十六烯($C_{26}H_{52}$)
		氯乙酸十八烷基酯($C_{20}H_{39}ClO_2$)
		邻苯二甲酸二异辛酯($C_{24}H_{38}O_4$)
		二十八烷醇($C_{28}H_{58}O$)
		2-己基-1-癸醇($C_{16}H_{34}O$)
		双酚 A 二缩水甘油醚($C_{21}H_{24}O_4$)
		十八烷醛($C_{18}H_{36}O$)
		五氟丙酸三十八烷基酯($C_{41}H_{77}F_5O_2$)
		溴乙酸十八烷基酯($C_{20}H_{39}BrO_2$)
		十八酸-3-十八烷氧基丙酯($C_{39}H_{78}O_3$)
		二十二烷醛($C_{22}H_{44}O$)

3.3.3　粉末元素分析

热失控喷射固体粉末的 XRF 测试结果如图 3.12 所示,粉末主要由碳组成,其余的主要包含金属和杂质。

化学组成成分和元素测试显示了喷射固体粉末的组成成分,通过计算和分析,可以大致获得组成和比例。喷出的粉末主要包含碳、有机物、碳酸盐、金属及金属氧化物和杂质,如表 3.6 所示。

碳可能来自负极材料以及有机电解质的不完全燃烧,并进一步产生了有机小分子化合物。金属氧化物可能由于高温下某些金属的氧化过程而形成。有机硅和二氧化硅可能是杂质,源自粉末收集装置的石英玻璃罩和高温下喷射的粉末之间的相互作用,有机硅也可能来自气相色谱的色谱柱。

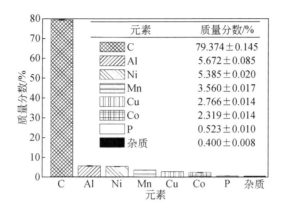

图 3.12　XRF 测试的元素组成

表 3.6　喷射固体粉末组成成分比例表

组成成分	质量分数/%
碳	68.0～69.0
有机硅,有机小分子化合物	4.0～4.5
二氧化硅,碳酸盐,金属及金属氧化物	27.0～28.0

从以上分析得出的结果来看,有机小分子化合物的形成过程和反应机理最为复杂。本章中,这些有机小分子化合物可分为五种主要类型:有机硅、苯及其衍生物、不饱和烃、羟基和羰基化合物、酯,这些生成物更倾向于长链分子或对称的非极性分子。

现有的文献研究表明,随着温度的升高,一旦锂离子电池内部组成材料开始分解,热失控将会引发一系列连锁化学反应[13]。当电池温度接近某阈值时,初始的气体喷射源于 SEI 膜的分解(通常高于 120℃[14])。SEI 膜通常包含两部分:稳定部分(如 Li_2CO_3)和亚稳定部分[如 $(CH_2OCO_2Li)_2$],其中后者在高温下往往会生成气态产物[15],例如:

$$(CH_2OCO_2Li)_2 \longrightarrow Li_2CO_3 + C_2H_4 + CO + O_2 \tag{3-1}$$

或

$$2Li + (CH_2OCO_2Li)_2 \longrightarrow 2Li_2CO_3 + C_2H_4 \tag{3-2}$$

一旦 SEI 膜分解并塌陷,嵌入石墨负极中的锂原子将与电解液溶剂反应(以 EC 和 PC 为例[15]):

$$2Li + C_3H_4O_3(EC) \longrightarrow Li_2CO_3 + C_2H_4 \tag{3-3}$$

$$2Li + C_4H_6O_3(PC) \longrightarrow Li_2CO_3 + C_3H_6 \tag{3-4}$$

当温度升高,电解质盐中的锂离子[16]也会和 EC 反应[17],同时通过以下反应生成 $LiOCO_2CH_2CH_2OCO_2Li$ 和乙醛:

$$EC + e^- + Li^+ \longrightarrow \cdot CH_2CH_2OCO_2Li \tag{3-5}$$

$$2 \cdot CH_2CH_2OCO_2Li \longrightarrow \text{（结构式）} + C_2H_4 \tag{3-6}$$

$$\text{（反应机理结构式）} \longrightarrow \text{（乙醛）} + \text{（碳酸锂结构）} + \text{（结构）} \tag{3-7}$$

在高温下,锂离子电池的 NCM 正极材料也会分解[18]:

$$Li_xNi_{1/3}Co_{1/3}Mn_{1/3}O_2 \longrightarrow Li_xNi_{1/3}Co_{1/3}Mn_{1/3}O_{2-y} + 1/2yO_2 \tag{3-8}$$

反应产生的氧气可能会进一步与电池内部的电解液溶剂发生反应[13]:

$$5/2O_2 + C_3H_4O_3(EC) \longrightarrow 3CO_2 + 2H_2O \tag{3-9}$$

$$4O_2 + C_4H_6O_3(PC) \longrightarrow 4CO_2 + 3H_2O \tag{3-10}$$

同时,电解液溶剂本身也会分解,伴随着多种气体的生成。EC 和六氟磷酸锂($LiPF_6$)的反应过程见式(3-11)~式(3-18)[14,15,19-21]:

$$LiPF_6 \rightleftharpoons LiF + PF_5 \tag{3-11}$$

$$LiPF_6 + H_2O \rightleftharpoons LiF + 2HF + POF_3 \tag{3-12}$$

$$C_2H_5OCOOC_2H_5 + PF_5 \longrightarrow C_2H_5OCOOPF_4HF + C_2H_4 \tag{3-13}$$

$$C_2H_5OCOOC_2H_5 + PF_5 \longrightarrow C_2H_5OCOOPF_4 + C_2H_5F \tag{3-14}$$

$$C_2H_5OCOOPF_4 \longrightarrow HF + C_2H_4 + CO_2 + POF_3 \tag{3-15}$$

$$C_2H_5OCOOPF_4 \longrightarrow C_2H_5F + CO_2 + POF_3 \tag{3-16}$$

$$C_2H_5OCOOPF_4 + HF \longrightarrow PF_4OH + CO_2 + C_2H_5F \tag{3-17}$$

$$C_2H_5OH + C_2H_4 \longrightarrow C_2H_5OC_2H_5 \tag{3-18}$$

Li 等[22]在对高温下正极材料的反应进行热力学分析时发现,在一定条件下,金属氧化物 CoO 可以被 C 或 CO 还原为钴(Co)金属。此外,Li_2CO_3 可能是在无氧状态下将石墨和 $LiCoO_2$ 混合生成的产物之一,相关反应式如下:

$$4LiCoO_2 + 2C \longrightarrow 4Co + 2Li_2CO_3 + O_2 \tag{3-19}$$

$$2LiCoO_2 + 2C \longrightarrow 2Co + Li_2CO_3 + CO \tag{3-20}$$

$$4LiCoO_2 + 3C \longrightarrow 4Co + 2Li_2CO_3 + CO_2 \tag{3-21}$$

在高温下,充电后的 $LiCoO_2$ 正极也可能发生歧化反应[23]以及随后的自催化反应[24,25],见式(3-22)~式(3-27)。LCO 正极/石墨负极的锂离子电池热失控过程中生成的碳酸根(CO_3^{2-})[26,27]、金属及金属氧化物[28]似乎有着不同的来源:

$$\text{Li}_{1-x}\text{CoO}_2 \longrightarrow (1-x)\text{LiCoO}_2 + x/3\text{Co}_3\text{O}_4 + x/3\text{O}_2 \tag{3-22}$$

$$\text{Co}_3\text{O}_4 \longrightarrow 3\text{CoO} + 1/2\text{O}_2 \tag{3-23}$$

$$\text{Co}_3\text{O}_4 + 1/2\text{C} \longrightarrow 3\text{CoO} + 1/2\text{CO}_2 \tag{3-24}$$

$$\text{CoO} \longrightarrow \text{Co} + 1/2\text{O}_2 \tag{3-25}$$

$$\text{O}_2 + 电解液 \longrightarrow \text{CO}_2 + \text{H}_2\text{O} + 产热 \tag{3-26}$$

$$2\text{LiCoO}_2 + \text{CO}_2 \longrightarrow \text{Li}_2\text{CO}_3 + 2\text{Co} + 3/2\text{O}_2 \tag{3-27}$$

$\text{Li}(\text{Ni}_{1/3}\text{Co}_{1/3}\text{Mn}_{1/3})\text{O}_2$ 正极材料是一种具有 $\alpha\text{-}\text{NaFeO}_2$ 结构的有序岩盐型排列的层状氧化物,与 LiCoO_2 材料相似[29]。$\text{Li}(\text{Ni}_{1/3}\text{Co}_{1/3}\text{Mn}_{1/3})\text{O}_2$ 正极材料的分解反应如下(式中 x 代表充电状态,$0 \leqslant x \leqslant 1$,$x=0$ 代表电量为 0,$x=1$ 代表充满电)[30],类似于充电后的 LiCoO_2 的歧化反应和随后的自催化反应:

$$\text{Li}_{1-x}(\text{Ni}_{1/3}\text{Mn}_{1/3}\text{Co}_{1/3})\text{O}_2 \longrightarrow (1-x)\text{Li}(\text{Ni}_{1/3}\text{Mn}_{1/3}\text{Co}_{1/3})\text{O}_2 + \frac{x}{6}\text{Ni}_2\text{O}_3$$

$$+ \frac{x}{9}\text{Mn}_3\text{O}_4 + \frac{x}{9}\text{Co}_3\text{O}_4 + \frac{11}{36}x\text{O}_2 \tag{3-28}$$

$$\text{Ni}_2\text{O}_3 \longrightarrow 2\text{NiO} + 1/2\text{O}_2 \tag{3-29}$$

$$\text{Mn}_3\text{O}_4 \longrightarrow 3\text{MnO} + 1/2\text{O}_2 \tag{3-30}$$

根据式(3-3)、式(3-4)、式(3-13)和式(3-15)中,电解液与锂或 PF_5 之间的反应会生成 C_2H_4 或 C_3H_6,并且电解液本身也分解生成 C_2H_4。Kong 等[31]在对电池进行滥用测试时生成的气体分析后发现了 C_2H_4 和 C_3H_6 以及乙炔(C_2H_2)的存在。在 Zheng 等[32]和 Lammer 等[33]的工作中,也从生成的气体中检测到了 C_2H_4 和 C_2H_2 的存在。Chen 等[34]同样检测到了热失控放出的气体中的 C_2H_4、C_3H_6、C_2H_2、苯和甲苯的存在。因此,苯系列及其衍生物可能来自以下的反应(以 2-甲基萘为例):

$$\tag{3-31}$$

同样,不饱和烃可能是由以下反应生成的(以 1-十九碳烯为例):

$$\tag{3-32}$$

随着温度升高,根据式(3-5)~式(3-7),来自电解质盐的 Li^+ 会与 EC 反应并最终生成乙醛(CH_3CHO)。之前的工作[32-35]也报道了热失控气体中存在氢气(H_2)。因此,可以推测在 C_2H_4 的作用下,形成羟基和羰基化合物的反应可能如下

所示(以十八烷醛和二十八烷醇为例):

$$\text{（3-33）}$$

$$\text{（3-34）}$$

酯类的形成可能更加复杂。Chen 等[34]检测到了热失控气体中甲烷(CH_4)的存在,可能来自甲基自由基($\cdot CH_3$)。因此,在甲基自由基、氯自由基、C_2H_4 的作用下,并基于式(3-7)中带正电的基团,生成酯类的反应可能如下(以氯乙酸十八烷基酯为例):

$$\text{（3-35）}$$

碳酸盐的形成是由于 SEI 膜的分解、锂与电解液溶剂之间的反应以及电极材料的反应引起的。所以由式(3-1)～式(3-4)和式(3-19)～式(3-30)可知,在热失控过程中,NCM/石墨锂离子电池中碳酸盐的可能形成过程如 RA、RB、RC1 和 RC2 所示。

$$
RA \begin{cases}
\text{SEI} \longrightarrow Li_2CO_3 & \text{（3-36）} \\
\text{SEI} \longrightarrow (CH_2OCO_2Li)_2 & \text{（3-37）} \\
(CH_2OCO_2Li)_2 \longrightarrow Li_2CO_3 & \text{（3-38）} \\
(CH_2OCO_2Li)_2 + Li \longrightarrow Li_2CO_3 & \text{（3-39）}
\end{cases}
$$

$$RB \quad Li + 电解液 \longrightarrow Li_2CO_3 + C_nH_{2n} \qquad \text{（3-40）}$$

$$RC1 \quad Li(Ni_{1/3}Co_{1/3}Mn_{1/3})O_2 + C \longrightarrow Ni + Co + Mn + Li_2CO_3 + O_2/CO/CO_2$$

$$\text{（3-41）}$$

$$
RC2 \begin{cases}
Li_{1-x}(Ni_{1/3}Co_{1/3}Mn_{1/3})O_2 \longrightarrow Li(Ni_{1/3}Co_{1/3}Mn_{1/3})O_2 \\
\quad + Co_3O_4 + Mn_3O_4 + Ni_2O_3 + O_2 & \text{（3-42）} \\
Co_3O_4 + Mn_3O_4 + Ni_2O_3 + C \longrightarrow CO_2 + Ni + Co + Mn & \text{（3-43）} \\
O_2 + 电解液 \longrightarrow CO_2 + H_2O + 产热 & \text{（3-44）} \\
Li(Ni_{1/3}Co_{1/3}Mn_{1/3})O_2 + CO_2 \longrightarrow Li_2CO_3 + Ni + Co & \text{（3-45）} \\
\quad + Mn(MnCO_3) + O_2
\end{cases}
$$

RA[式(3-36)～式(3-39)]:SEI 膜包括 Li_2CO_3 和 $(CH_2OCO_2Li)_2$,后者在高温下往往会自身分解生成气态产物和 Li_2CO_3[式(3-1)],或者如式(3-2)中所示会与锂反应[15]。

RB[式(3-40)]:当 SEI 膜随着温度升高而分解和塌陷时,嵌入石墨负极中的锂将与电解液溶剂反应并生成 Li_2CO_3[15],如式(3-3)和式(3-4)所示。

RC1[式(3-41)]:Li_2CO_3 可能是电极材料中 $LiCoO_2$ 和石墨之间反应的产物之一[22],如式(3-19)和式(3-20)所示。

RC2[式(3-42)~式(3-45)]:充电后的 $LiCoO_2$ 还可在高温下形成 Li_2CO_3[23-25],如式(3-22)~式(3-27)所示。$Li(Ni_{1/3}Co_{1/3}Mn_{1/3})O_2$ 正极材料的结构与 $LiCoO_2$ 相似[29]。NCM 正极材料的分解反应类似于充电后的 $LiCoO_2$ 的歧化反应和随后的自催化反应[30],如式(3-28)~式(3-30)所示。

相同品牌和型号的电池具有相同的电池材料,在相同的状态下热失控时发生的化学反应也相同。Chen 等[36]研究了不同数量的锂离子电池的热失控行为。他们在一个燃烧室内测试了两种排列方式的电池组(6×6 和 10×10)。6×6 电池组和 10×10 电池组的最高温度分别达到了大约 900℃ 和 950℃。这两个温度非常接近,而且对于引发电池内部绝大多数的热失控反应都足够高了[15,37]。因此,尽管电池组内电池的数量不同,热失控时温度的变化规律是相似的,内部发生的热失控化学反应在相似的燃烧过程中是几乎相同的。本章的热失控固体粉末收集装置提供了一个半封闭的空间环境。这是一个相对封闭的环境,但它允许气流通过气孔流动,这通常与 EV/HEV 或电子设备中电池的放置形式很相似。因此,通过本章研究的单体电池热失控喷射固体粉末的行为,从固体粉末产物形成的过程这一观点来看,可以延伸出在品牌、型号和状态相同的情况下,不同数量的电池,热失控喷射的固体粉末的组成和成分几乎是一致的。

3.4　不同条件下喷射固体粉末特性分析

3.4.1　粉末成分热分析

图 3.13(a)~(f)绘制了在锂离子电池在不同 SOC、不同加热功率和不同环境温度下热失控时收集的喷射固体粉末的 TGA-DSC-DTG 曲线。其中,图 3.13(a)~(c)是在空气气氛中的结果,图 3.13(d)~(f)是氩气气氛中的结果。

图 3.13(a)~(c)表明,DSC 曲线上吸热过程开始于大约 545℃、598℃ 和 640℃,并且在 TGA 和 DTG 曲线上未同时观察到明显的质量损失。这可能是典型电池材料的熔化过程导致。每个 DSC 曲线在大约 598℃[图 3.13(c)中位于 596℃]处都有一个尖锐的峰。可以推断出,样品中的主要成分之一在此温度下熔化。545℃ 处的峰很小,并发生于相对温和的热失控条件下[如图 3.13(a)中的 100W 和 200W 加热功率,图 3.13(b)中的 40% SOC,图 3.13(c)中的 180℃、220℃

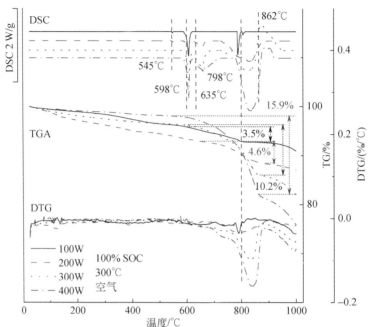

(a)100% SOC，300℃环境温度，空气气氛，100W、200W、300W和400W加热功率

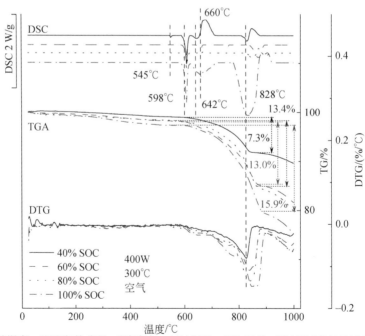

(b)300℃环境温度，400W加热功率，空气气氛，40% SOC、60% SOC、80% SOC和100% SOC

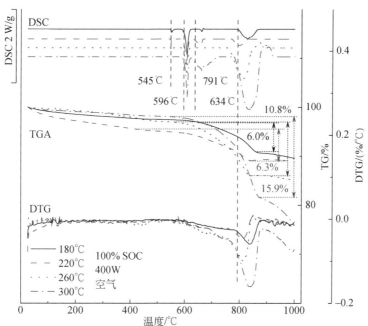

(c)100% SOC，400W加热功率，空气气氛，180℃、220℃、260℃和300℃加热温度

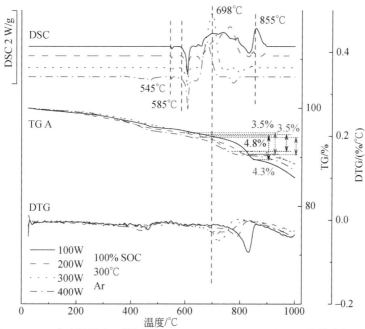

(d)100% SOC，300℃环境温度，氩气气氛，100W、200W、300W和400W加热功率

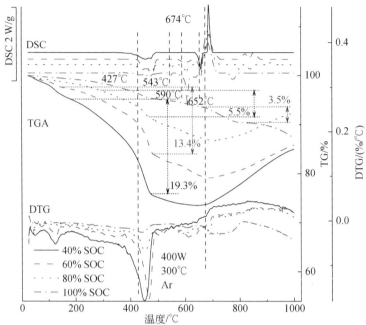

(e)300℃环境温度，400W加热功率，氩气气氛，40% SOC、60% SOC、80% SOC和100% SOC

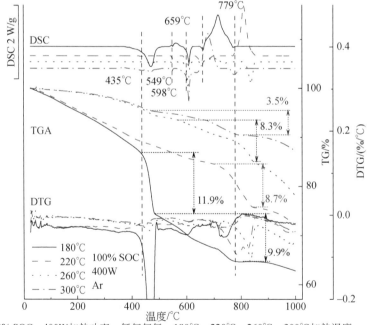

(f)100% SOC，400W加热功率，氩气气氛，180℃、220℃、260℃、300℃加热温度

图 3.13　热失控喷射固体粉末的热分析结果

和 260℃的环境温度]收集的喷射固体粉末。当图 3.13(a)～(c)中的温度分别升高到大约 635℃、642℃和 634℃时,固体粉末的热性质就变得更加复杂。此时峰变得更宽,并且随着 40% SOC 电池的热失控开始,大约在 660℃处观察到放热峰。喷射固体粉末在约 800℃后明显开始质量减少,伴随着很宽的吸热峰,之后会观察到较小的放热峰。TGA 曲线显示出清晰的阶梯式质量减少过程,而 DTG 曲线也显示出相应的峰。质量减少的第一阶段在到达 1000℃时加热程序结束之前完成。随着加热功率、加热温度和电池 SOC 的增加,第一阶段中粉末的质量损失逐渐增加。

当电池在氩气气氛中加热至热失控时,其喷出的固体粉末的热性质则出现了一定的差异。在多个吸热峰之后,可以清楚地观察到放热峰的存在。在图 3.13(d)～(f)中,DSC 曲线分别在大约 545℃、543℃和 549℃处有较小的吸热峰,同时分别在大约 585℃、590℃和 598℃处观察到尖锐的吸热峰。但是,较低 SOC 的电池热失控喷出的粉末显示出了不同的热性质。在图 3.13(e)中,40% SOC、60% SOC 和 80% SOC 电池热失控喷射粉末的 DSC 曲线上都观察到一个在大约 427℃处的宽峰。此外,这三条曲线在大约 590℃处并没有尖锐的峰,这与 100% SOC 电池热失控喷射粉末 DSC 曲线不同。取而代之,在图 3.13(e)中,在此温度下的 60% SOC 和 80% SOC 电池热失控喷射粉末 DSC 曲线上均观察到了一个较宽的峰。从 TGA 和 DTG 曲线中没有发现上述过程中有明显的失重现象,因此,在此温度下粉末中的某种成分发生了熔化。然而,在图 3.13(f)中,当热失控环境温度为 180℃时,在粉末的 DSC 曲线上约在 435℃处发现了明显的吸热峰,这一峰的出现与其他环境温度下热失控喷射粉末的热性质曲线不同。该吸热过程伴随着 TGA 曲线上的第一阶段失重,如图 3.13(f)所示。随着温度升高,热流曲线开始有明显的放热峰,并且峰的形状和起始温度逐渐变得复杂。在图 3.13(e)中,放热峰在约 674℃处较为尖锐且很规则。在图 3.13(d)中,所有 4 条 DSC 曲线均在大约 698℃处出现放热峰。同时,电池在 100W 加热功率加热至热失控喷射的粉末的 DSC 曲线上,大约在 855℃处观察到另一个放热峰。图 3.13(f)中的放热峰最为复杂。在 180℃、260℃和 300℃环境温度下热失控的电池喷射的粉末的 DSC 曲线上,大约在 659℃都有一个放热峰,但是在 260℃环境温度下热失控喷射粉末的这个峰的峰值则相对较低。如图 3.13(f)所示,环境温度为 220℃时热失控喷射的粉末的 DSC 曲线上,放热峰起始于约 779℃。在图 3.13(e)和(f)中,在 DSC 曲线上出现明显的放热峰之后,随着温度继续升高,还存在一些较小的放热峰和吸热峰。TGA 和 DTG 曲线的这些明显的放热峰,并伴随着质量损失过程,所以可能是由于一种或几种组分的热分解和挥发过程所致。TGA 曲线上,热失控喷射固体粉末的热重曲线的第一阶段质量损失随着热失控时的加热功率、环境温度和电池 SOC 的增加而降低,这与在空气气氛中热失控的表现相反。

1. 不同 SOC

在空气气氛中,40% SOC、60% SOC、80% SOC 和 100% SOC 锂离子电池在以恒定环境温度 300℃和恒定加热功率 400W 加热至热失控,其喷射粉末的热重过程第一阶段的质量损失分别为 7.3%、13.0%、13.4%和 15.9%。

对于在氩气气氛中,40% SOC、60% SOC、80% SOC 和 100% SOC 锂离子电池在以恒定环境温度 300℃和恒定加热功率 400W 加热至热失控,其喷射粉末的热重过程第一阶段的质量损失分别为 19.3%、13.4%、5.5%和 3.5%。

2. 不同加热功率

100% SOC 的锂离子电池在空气气氛中,环境温度恒定为 300℃时,以 100W、200W、300W 和 400W 的加热功率加热至热失控,其喷射粉末的热重过程第一阶段的质量损失分别为 3.5%、4.6%、10.2%和 15.9%。

100% SOC 的锂离子电池在氩气气氛中,环境温度恒定为 300℃时,以 100W、200W、300W 和 400W 的加热功率加热至热失控,其喷射粉末的热重过程第一阶段的质量损失分别为 4.8%、4.3%、3.5%和 3.5%。

3. 不同环境温度

在空气气氛中,对于 100% SOC 的锂离子电池,加热功率恒定为 400W,环境温度分别为 180℃、220℃、260℃和 300℃,其喷射粉末的热重过程第一阶段的质量损失分别为 6.0%、6.3%、10.8%和 15.9%。

对于在氩气气氛中,对于 100% SOC 的锂离子电池,加热功率恒定为 400W,环境温度分别为 180℃、220℃、260℃和 300℃,其喷射粉末的热重过程第一阶段的质量损失分别为 11.9%、8.7%、8.3%和 3.5%。

4. 粉末成分热分析结果与讨论

结合成分测试结果,粉末中的有机物在 545℃之前熔化、沸腾并分解,并且有一种质量占主要的有机成分在约 545℃时分解。考虑到有机物仅占喷射固体粉末的一小部分,所以在相应的温度范围内,TGA 曲线上没有观察到明显的质量损失行为。DSC 曲线上大约 590℃的吸热峰可能是由于一种热失控中生成的铝-铜共晶混合物[38]熔化过程而产生,因为与此同时从 TGA 和 DTG 曲线中没有观察到明显的质量损失,铝-铜共晶混合物可能来自电池正极和负极集流体材料。当锂离子电池在空气气氛中加热至热失控时,其喷射的固体粉末的 DSC 曲线显示出较宽的吸热峰,且出现了连续失重的现象;之所以能够获得此结果,是因为一般碳酸盐在约 640℃时分解,而碳质残渣在约 800℃时分解。碳酸盐可能是电解质与正极材料之间反应的结果。相反,在氩气气氛中的电池热失控由于不完全燃烧而产生更多化学物质,这导致在喷射的固体粉末的热分析过程中,在 650℃后观察到 DSC 曲线上的放热峰和 TGA 曲线中的质量损失。

Wang 等[39]发现当内部温度超过 660℃(铝的熔点)时会发生热失控飞溅,此时作为集流体的铝箔会熔融后喷射出来。根据该信息,并结合本章成分测试中发现了铜和铝-铜共晶混合物,所以电池内部某些部位的温度可能超过 1083℃(铜的熔点)。现有文献[15,20,21]也发现 Li_2CO_3 是溶剂和锂(金属的或嵌入的)反应的产物。本章证实了碳酸盐的存在,并有助于进一步发现 $MnCO_3$ 的存在。

在空气气氛中,喷射的固体粉末中每种成分的含量主要受不同 SOC 的影响。但是,在氩气气氛中,含量主要受到加热温度的影响。SOC 反映了锂原子在石墨中的嵌入程度,它关系到电池内部材料的稳定性。在空气气氛中,电池内部物质会在热失控过程中与外部的氧气发生反应。当电池处于氩气气氛中时,化学反应需要的氧气仅在电池内部产生,反应的程度受温度控制。

Ping 等[40]报道了 18650 型锂离子电池的热失控期间喷火的最高火焰温度为 800~1000℃。对于本章,实验测得的喷射固体粉末主要包含碳、有机物、碳酸盐、金属及金属氧化物和杂质。由于碳具有高熔点(3500℃)和高沸点(4827℃)特性,从高温时生成开始,碳会一直保持固态直至冷却下来。喷射过程中有机物可能以蒸气或液滴存在,冷却后变成固体颗粒,或黏附在收集装置的石英玻璃罩内壁。铝-铜共晶混合物在冷却后变成固体颗粒前是液体状态。镍、钴和锰和/或其氧化物由于其高熔点和高沸点而保持固态。碳酸盐在高温下可能处于熔融状态,在冷却后变为固体。因此,在从热失控高温到冷却后室温的热失控反应前后,喷射产物可能没有分解或相互作用,只有物理状态发生了变化。

3.4.2 粉尘爆炸特性分析

为了测试固体粉末的粉尘爆炸特性,首先对粉末进行了粒径分布测试(PSD)。研究使用了不同 SOC 的电池,或在不同加热功率、环境温度下电池热失控喷射的固体粉末的样本进行测量。测试中,对于在空气气氛中热失控喷射的固体粉末,其粒径大小在 8.49~300.00μm 范围内。在氩气气氛中,喷射的固体粉末颗粒的粒径在 5.94~210.04μm 范围内。表 3.7 列出了喷射粉末的粒径测试的代表性数据。表中,D_{10}、D_{50}、D_{90} 是表示粒径大小的参数。D_{10} 表示颗粒累积分布为 10% 的粒径,即小于此粒径的颗粒体积含量占全部颗粒的 10%。D_{50} 表示颗粒累积分布为 50% 的粒径,也被称为中位径或中值粒径,是一个表示粒径大小的典型值,该值准确地将总体划分为二等份,也就是说有 50% 的颗粒高于此值,有 50% 的颗粒低于此值。D_{90} 表示颗粒累积分布为 90% 的粒径,即小于此粒径的颗粒体积含量占全部颗粒的 90%。粒径测试通过跨度标准进行量化[41],如下所示:

$$\text{Span} = \frac{D_{90} - D_{10}}{D_{50}} \tag{3-46}$$

跨度是粒径的无量纲宽度,表示粉末粒径的分散程度。从表 3.7 可以看出,空气气氛中热失控的喷射固体粉末粒径的跨度(用 D_{10}、D_{50} 和 D_{90} 的平均值计算)的范围为 0.41～0.49。然而,氩气气氛中热失控的喷射固体粉末粒径的跨度范围稍大,为 0.21～0.99。空气组和氩气组之间的跨度的差异不显著($P > 0.05$),但是从序号 3-13 的实验(电池 SOC 40%,加热功率 400W,环境温度 300℃,氩气气氛中)可以看出,该次实验的粒径几乎是对称分布(跨度为 0.99,几乎等于 1)。

表 3.7　测试喷射固体粉末的粒径

实验组	序号	SOC/%	加热功率/W	环境温度/℃	气体气氛	$D_{10}/\mu m$	$D_{50}/\mu m$	$D_{90}/\mu m$	跨度
3-A	3-1	40	400	300	空气	148.22±3.13	185.66±3.97	237.90±4.66	0.48
	3-2	60	400	300	空气	149.25±0.24	187.14±1.26	237.73±5.59	0.47
	3-3	80	400	300	空气	150.11±2.87	187.99±4.62	236.31±5.36	0.46
	3-4	100	400	300	空气	152.32±0.94	190.67±4.74	234.40±3.39	0.43
3-B	3-5	100	400	180	空气	150.45±0.62	190.11±2.25	233.96±2.49	0.44
	3-6	100	400	220	空气	151.95±1.26	189.62±3.20	231.98±6.20	0.42
	3-7	100	400	260	空气	153.44±3.80	190.38±4.76	232.35±5.86	0.41
	3-8 (3-4)	100	400	300	空气	152.32±0.94	190.67±4.74	234.40±2.39	0.43
3-C	3-9	100	100	300	空气	146.58±2.57	189.35±2.96	238.57±1.91	0.49
	3-10	100	200	300	空气	147.32±3.81	187.24±4.59	238.47±5.57	0.49
	3-11	100	300	300	空气	148.35±1.09	188.65±1.61	238.33±7.98	0.48
	3-12 (3-4)	100	400	300	空气	152.32±0.94	190.67±4.74	234.40±8.39	0.43
3-D	3-13	40	400	300	氩气	63.12±0.74	105.73±3.05	167.86±4.36	0.99
	3-14	60	400	300	氩气	81.15±1.18	188.16±3.73	196.23±4.23	0.61
	3-15	80	400	300	氩气	78.04±0.19	183.75±2.96	195.35±5.74	0.64
	3-16	100	400	300	氩气	142.05±3.64	183.48±3.87	199.96±3.67	0.32

续表

实验组	序号	SOC/%	加热功率/W	环境温度/℃	气体气氛	$D_{10}/\mu m$	$D_{50}/\mu m$	$D_{90}/\mu m$	跨度
	3-17	100	400	180	氩气	160.93±3.31	184.73±4.89	200.22±5.91	0.21
	3-18	100	400	220	氩气	145.83±2.74	182.49±1.47	199.77±3.48	0.30
3-E	3-19	100	400	260	氩气	139.93±2.65	177.55±1.57	199.13±3.50	0.33
	3-20 (3-16)	100	400	300	氩气	142.05±3.64	183.48±3.87	199.96±2.67	0.32
	3-21	100	100	300	氩气	143.83±1.81	189.48±3.39	239.21±3.94	0.50
	3-22	100	200	300	氩气	144.93±3.70	186.54±2.17	239.11±4.80	0.50
3-F	3-23	100	300	300	氩气	143.01±0.92	184.40±4.30	239.03±6.07	0.52
	3-24 (3-16)	100	400	300	氩气	142.05±3.64	183.48±3.87	199.96±3.67	0.32

　　为了测试喷出的固体粉末是否具有粉尘爆炸危险,在 20L 球形爆炸试验设备中对 $30\sim2000\mathrm{g/m^3}$(根据仪器制造商的建议)浓度范围内的样品粉末进行了粉尘爆炸风险测试。结果表明,所有测试组的爆炸压力均未高于 0.05MPa,这意味着在该浓度范围内未发生粉尘爆炸(根据制造商的说明),即在测试的不同条件下的电池热失控喷射出的固体粉末均未发生粉尘爆炸。根据《爆炸危险环境电力装置设计规范》(GB 50058—2014)[42],可燃性炭黑粉尘的平均粒径为 $10\sim20~\mu m$,爆炸下限为 $36\sim45\mathrm{g/m^3}$。所以粒径测试的结果表明,固体粉末均未发生粉尘爆炸可能与粉末的整体颗粒粒径较大有关。图 3.14 举例说明了 $100\mathrm{g/m^3}$ 浓度的喷射固体粉末(100% SOC 电池,400W 加热功率,300℃环境温度)的典型爆炸压力曲线。

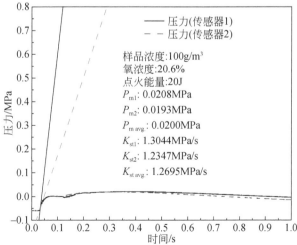

图 3.14　$100\mathrm{g/m^3}$ 浓度的喷射固体粉末的爆炸压力曲线

3.5　喷射固体粉末毒害性分析

锂离子电池热失控会喷射出黑色固体粉末,其中包含复杂的化学物质,这会对周围人员的安全构成威胁[43]。例如,钴[44,45]和镍[46,47]的暴露可能增加工厂工人患癌症的风险。长期接触钴金属烟雾和粉尘的工人可能会出现咳嗽、呼吸困难、肺功能下降、体重下降、弥漫性结节性纤维化和呼吸道过敏等症状[48]。胡世洪等[49]的研究表明,炼镍厂镍作业人员罹患肺癌和鼻癌的死亡率明显高于对照组人群,其可疑致癌物为包含氧化镍和镍在内的多种物质。镍还可能会对人体的神经、呼吸、心血管和生殖系统造成影响,还是一种常见的致敏原,长期接触可能会引发职业性接触性皮炎[50]。

固体粉末的粒径虽然整体上比较大,但是在 PSD 测试中,发现了少量粉末粒径在 $5.94 \sim 8.49 \mu m$(含量 $0.02\% \sim 0.09\%$,氩气气氛、高加热功率条件下热失控),以及少量的粉末粒径在 $8.49 \sim 12.13 \mu m$(含量 $0.01\% \sim 0.16\%$,各条件下均有)。粉尘对人体的危害主要集中在呼吸系统损害。锂离子电池热失控喷射的固体粉末的主要成分为碳,还有少部分的金属、金属盐和金属氧化物。一般认为,当粉尘的空气动力学直径小于 $15 \mu m$ 时,即可以进入呼吸道而进入胸腔,所以被称为可吸入粉尘或胸腔性粉尘。其中 $10 \sim 15 \mu m$ 的粒子主要沉积在上呼吸道,引起上呼吸道炎症。如果人员皮肤长期接触粉尘,则会导致阻塞性皮脂炎、毛囊炎等疾病。金属粉尘还可能会引发角膜损伤、浑浊[51]。根据国家标准《工作场所有害因素职业接触限值　第 1 部分:化学有害因素》(GBZ 2.1—2019)[52],炭黑粉尘的临界不良健康效应为炭黑尘肺,且被国际癌症研究机构(IARC)列为 G2B 类致癌物(对人可疑致癌)。

2-甲基萘($C_{11}H_{10}$)和 1,2-二甲基萘($C_{12}H_{12}$)所属的多环芳烃类因具有毒性和致癌性,引发了广泛的关注[53]。多环芳烃类所致的职业危害主要有呼吸系统损害(包括一般损害和肺癌)、循环系统损伤、神经系统损害、肝脏损害、肾脏损害和皮肤损害等[54]。其中,2-甲基萘被《危险化学品目录》(2015 版)[55]以及《危险化学品目录(2015 版)实施指南(试行)》[56]列为危险化学品,且其危险类别含有:严重眼损伤/眼刺激,类别 2;特异性靶器官毒性——一次接触,类别 3(呼吸道刺激、麻醉效应);特异性靶器官毒性——反复接触,类别 2。

邻苯二甲酸二异辛酯具有低毒性,特别是生殖毒性;可在人或动物体内发挥类似于雌性激素的作用,干扰体内内分泌系统,使雄性精子数量减少、运动能力下降、形态异常,严重的会导致睾丸癌。英国和荷兰将其职业接触限值设定为 $5mg/m^3$,瑞典和丹麦设定为 $3mg/m^3$。当大鼠在性分化的产前阶段对其给药时,邻苯二甲酸二异辛酯会破坏雄激素依赖性生殖发育,并引起雄性生殖系统的严重和永久性畸形[57]。

碳酸锂是常见的锂盐,也是临床上一种抗狂躁症的药物。但是,它也会对人体造成很大的毒副作用[58],如神经系统损害[59]、听力损害[60]、内分泌系统损害[61,62]、过敏反应[63],以及动物生殖毒性[64]等。

3.6　喷射固体粉末危险性分析

锂离子电池热失控喷射固体粉末的危险性来源于两个方面:一是粉末本身作为细小的颗粒物,可能会引起人员呼吸性伤害和粉尘爆炸;二是固体粉末本身含有的各种物质自身的毒害性。表 3.8 总结了固体粉末中含有的物质成分。

表 3.8　锂离子电池的热失控喷射固体粉末的物质成分

序号	物质	序号	物质
有机硅,有机小分子化合物		14[b]	十八烷醛
1[a]	硅树脂	15[b]	五氟丙酸三十八烷基酯
2[b]	聚丙烯	16[b]	溴乙酸十八烷基酯
3[a]	十二甲基环六硅氧烷	17[b]	十八酸-3-十八烷氧基丙酯
4[b]	2-甲基萘	18[b]	二十二烷醛
5[b]	2-苯基丙醛	二氧化硅,碳酸盐,金属及其金属氧化物	
6[b]	1,2-二甲基萘	19[a]	二氧化硅
7[b]	1-十九烯	20[b]	碳酸锰
8[b]	9-二十六烯	21[c]	碳酸锂
9[b]	氯乙酸十八烷基酯	22	铝[b],氧化铝[c]
10[b]	邻苯二甲酸二异辛酯	23[c]	铜,氧化铜
11[b]	二十八醇	24[c]	镍,氧化镍,三氧化二镍
12[b]	2-己基-1-癸醇	25[c]	钴,氧化钴,四氧化三钴
13[b]	双酚 A 二缩水甘油醚	26[c]	锰,氧化锰,四氧化三锰

注:上标"a":从实验中直接测量到,可能不是来源于电池,而是来源于测试仪器干扰;上标"b":从实验中直接测量到,可能来源于电池;上标"c":根据实验数据和理论化学反应式间接测量到。其中有一种或几种物质存在于喷射的固体粉末中。

在空气或氩气气氛中以不同的环境温度或加热功率加热具有不同荷电状态的电池时,热失控喷射的粉末会受到加热条件的影响。在空气气氛中,组成成分主要受荷电状态影响;在氩气气氛中,组成成分主要受环境温度影响。粒径测试揭示了热失控喷射的固体粉末颗粒粒径的分布情况。然而,喷射的粉末在存在火源的情况下不会爆炸,这可能是由于粉末颗粒的整体尺寸较大。但是其中也存在粒径较小的部分,可能会被周围人员吸入而产生呼吸性危害,同时如果电池组发生热失控,从而产生大量固体喷射粉末,其中粒径较小的部分如果在气流等的作用下漂浮在周围环境中,且能保持悬浮,则可能会引发粉尘爆炸。热失控喷射的固体粉末自身中含有的各种有毒物质,可能会对人身造成危害。

3.7 本章小结

喷射固体粉末的研究分析了锂离子电池热失控中喷出粉末的成分,揭示了锂离子电池及其喷射固体热失控粉末的事故危险性。首先在典型过程条件下,将100% SOC 锂离子电池置于 300℃ 的环境温度和 400W 的加热功率下,通过设备在空气中加热直至热失控,放出热失控气体并喷射出固体粉末,并对该条件下的固体粉末进行了成分测试。然后在不同热失控条件下,对喷射的固体粉末的热性质和粉尘爆炸特性进行了分析,并对喷射固体粉末的毒害性进行了分析,最后总结了固体粉末的危险性。主要结论归纳如下:

(1)成分测试显示,碳在粉末中占 68.0~69.0%,有机硅和有机小分子化合物占 4.0~4.5%,剩余的 27.0~28.0% 主要由二氧化硅、碳酸盐、金属及金属氧化物组成,有机硅和二氧化硅可能是来自仪器干扰的杂质。

(2)热失控固体粉末的产生经历了极其复杂的反应过程,各种类型的产物可能会随着热失控燃烧条件的变化而变化。

(3)热失控固体粉末整体的颗粒粒径较大,不会发生粉尘爆炸危险。但是其中也含有粒径较小的部分,可能会造成人员呼吸系统伤害。

(4)热失控固体粉末还有一系列的金属及其盐类,以及有机小分子化合物,这些物质具有一定的毒害性,在一定条件下,如果人员误接触,可能会造成急性中毒或长期职业危害。

参 考 文 献

[1] Ghosh G,Panda P,Rath M,et al. GC-MS analysis of bioactive compounds in the methanol extract of *Clerodendrum viscosum* leaves[J]. Pharmacogn Res,2015,7:110-113.

[2] Khajuria H,Nayak B P. Detection and accumulation of morphine in hair using GC-MS[J]. Egypt J Forensic Sci,2016,6(4):337-341.

[3] Thermo Fisher. 傅里叶变换红外光谱分析基础知识[EB/OL]. (2021-01-8)[2022-10-01]. https://www.thermofisher.com/cn/zh/home/industrial/spectroscopy-elemental-isotope-analysis/spectroscopy-elemental-isotope-analysis-learning-center/molecular-spectroscopy-information/ftir-information/ftir-basics.html.

［4］ Shameer P M,Nishath P M. Fourier Transform Infrared Spectroscopy［EB/OL］. (2020-01-19)［2022-10-01］. https://www. sciencedirect. com/topics/engineering/fourier-transform-infrared-spectroscopy.

［5］ Webster G. What is Gas Chromatography-Mass Spectrometry (GC-MS)? ［EB/OL］. (2020-04-22)［2022-10-01］. https://www. azolifesciences. com/article/What-is-Gas-Chromatography-Mass-Spectrometry-(GC-MS). aspx.

［6］ Sciaps. How XRF Works—X-Ray Fluorescence Spectroscopy［EB/OL］. (2021-01-19)［2022-10-01］. https://www. sciaps. com/xrf-handheld-x-ray-analyzers.

［7］ Wikipedia. X-ray Crystallography［EB/OL］. (2021-01-19)［2022-10-01］. http://en. wikipedia. org/wiki/X-ray_crystallography.

［8］ Wikipedia. Scanning Electron Microscope［EB/OL］. (2021-01-19)［2022-10-01］. http://en. wikipedia. org/wiki/Scanning_electron_microscope.

［9］ Pennstate Materials Research Institute. Energy Dispersive Spectroscopy (EDS)［EB/OL］. (2021-01-19)［2022-10-01］. https://www. mri. psu. edu/materials-characterization-lab/characterization-techniques/energy-dispersive-spectroscopy-eds-0.

［10］ Wikipedia. Thermogravimetric Analysis［EB/OL］. (2021-01-19)［2022-10-01］. http://en. wikipedia. org/wiki/Thermogravimetric_analysis.

［11］ Wikipedia. Differential Scanning Calorimetry［EB/OL］. (2021-01-19)［2022-10-01］. http://en. wikipedia. org/wiki/Differential_scanning_calorimetry.

［12］ Korthauer R. Handbuch Lithium-Ionen-Batterien［M］. Berlin,Heidelberg:Springer Vielag,2013:22.

［13］ Diaz F,Wang Y,Weyhe R, et al. Gas generation measurement and evaluation during mechanical processing and thermal treatment of spent Li-ion batteries［J］. Waste Manage,2019,84:102-111.

［14］ Feng X N,Ouyang M G,Liu X,et al. Thermal runaway mechanism of lithium ion battery for electric vehicles: A review［J］. Energy Storage Mater,2018,10:246-267.

［15］ Spotnitz R,Franklin J. Abuse behavior of high-power,lithium-ion cells［J］. J Power Sources,2003,113(1):81-100.

［16］ Aurbach D,Daroux M L,Faguy P W,et al. Identification of surface films formed on lithium in propylene carbonate solutions［J］. J Electrochem Soc,1987,134(7):1611-1620.

［17］ Aurbach D,Gofer Y,Ben-Zion M,et al. The behaviour of lithium electrodes in propylene and ethylene carbonate: Te major factors that influence Li cycling efficiency［J］. J Electroanal Chem,1992,339(1-2):451-471.

［18］ Wang H Y,Tang A D,Huang K L. Oxygen evolution in overcharged $Li_x Ni_{1/3} Co_{1/3} Mn_{1/3} O_2$ electrode and its thermal analysis kinetics［J］. Chinese J Chem,2011,29(8):1583-1588.

［19］ Tobishima S I,Yamaki J I. A consideration of lithium cell safety［J］. J Power Sources,1999,81-82:882-886.

［20］ Wang Q S,Ping P,Zhao X J,et al. Thermal runaway caused fire and explosion of lithium ion battery[J]. J Power Sources,2012,208:210-224.

[21] Kawamura T,Kimura A,Egashira M,et al. Thermal stability of alkyl carbonate mixed-solvent electrolytes for lithium ion cells[J]. J Power Sources,2002,104(2):260-264.

[22] Li J,Wang G X,Xu Z M. Environmentally-friendly oxygen-free roasting/wet magnetic separation technology for *in situ* recycling cobalt,lithium carbonate and graphite from spent $LiCoO_2$/graphite lithium batteries[J]. J Hazard Mater,2016,302:97-104.

[23] Chen M Y,Liu J H,He Y P,et al. Study of the fire hazards of lithium-ion batteries at different pressures[J]. Appl Therm Eng,2017,125:1061-1074.

[24] Jhu C Y,Wang Y W,Shu C M,et al. Thermal explosion hazards on 18650 lithium ion batteries with a VSP2 adiabatic calorimeter[J]. J Hazard Mater,2011,192:99-107.

[25] Jiang J,Dahn J R. ARC studies of the thermal stability of three different cathode materials: $LiCoO_2$; $Li[Ni_{0.1}Co_{0.8}Mn_{0.1}]O_2$; and $LiFePO_4$, in $LiPF_6$ and LiBoB EC/DEC electrolytes[J]. Electrochem Commun,2004,6:39-43.

[26] Ping P,Wang Q S,Huang P F,et al. Thermal behaviour analysis of lithium-ion battery at elevated temperature using deconvolution method[J]. Appl Energy,2014,129:261-273.

[27] Macneil D D,Dahn J R. The reactions of $Li_{0.5}CoO_2$ with nonaqueous solvents at elevated temperatures[J]. J Electrochem Soc,2002,149:912-919.

[28] Chen M Y,Ouyang D X,Weng J W,et al. Environmental pressure effects on thermal runaway and fire behaviors of lithium-ion battery with different cathodes and state of charge[J]. Process Saf Environ Protect,2019,130:250-256.

[29] Koyama Y,Tanaka I,Adachi H,et al. Crystal and electronic structures of superstructural $Li_{1-x}[Co_{1/3}Ni_{1/3}Mn_{1/3}]O_2$ ($0{\leqslant}x{\leqslant}1$)[J]. J Power Sources,2003,119-121:644-648.

[30] Ouyang D X,Chen M Y,Wang J. Fire behaviors study on 18650 batteries pack using a cone-calorimeter[J]. J Therm Anal Calorim,2019,136:2281-2294.

[31] Kong W H,Li H,Huang X J,et al. Gas evolution behaviors for several cathode materials in lithium-ion batteries[J]. J Power Sources,2005,142:285-291.

[32] Zheng Y,Qian K,Luo D,et al. Influence of over-discharge on the lifetime and performance of $LiFePO_4$/graphite batteries[J]. RSC Adv,2016,6:30474-30483.

[33] Lammer M,Königseder A,Hacker V. Holistic methodology for characterisation of the thermally induced failure of commercially available 18650 lithium ion cells[J]. RSC Adv,2017,7:24425-24429.

[34] Chen S C,Wang Z R,Wang J H,et al. Lower explosion limit of the vented gases from Li-ion batteries thermal runaway in high temperature condition[J]. J Loss Prev Process Ind,2020,63:103992.

[35] Somandepalli V,Marr K,Horn Q. Quantification of combustion hazards of thermal runaway failures in lithium-ion batteries[J]. SAE Int J Alt Power,2014,3:98-104.

[36] Chen M Y,Ouyang D X,Liu J H,et al. Investigation on thermal and fire propagation behaviors of multiple lithium-ion batteries within the package[J]. Appl Therm Eng,2019,

157:113750.

[37] Wang Q S, Mao B B, Stoliarov S I, et al. A review of lithium ion battery failure mechanisms and fire prevention strategies[J]. Prog Energy Combust Sci, 2019, 73:95-131.

[38] Massalski T B. The Al- Cu (aluminum- copper) system [J]. Bulletin of Alloy Phase Diagrams, 1980, 1:27-33.

[39] Wang Z R, Mao N, Jiang F W. Study on the effect of spacing on thermal runaway propagation for lithium- ion batteries[J]. J Therm Anal Calorim, 2019:1-15.

[40] Ping P D, Kong P, Zhang J Q, et al. Characterization of behaviour and hazards of fire and deflagration for high- energy Li- ion cells by over- heating[J]. J Power Sources, 2018, 398: 55-66.

[41] Ataeefard M, Shadman A, Saeb M R, et al. A hybrid mathematical model for controlling particle size, particle size distribution, and color properties of toner particles[J]. Appl Phys A, 2016, 122(8):726.

[42] 中华人民共和国住房和城乡建设部. 爆炸危险环境电力装置设计规范:GB 50058—2014 [S]. 北京:中国计划出版社,2014.

[43] Korthauer R. Handbuch Lithium- Ionen- Batterien[M]. Berlin, Heidelberg:Springer Vieweg, 2013:215.

[44] IARC Working Group on the Evaluation of Carcinogenic Risk to Humans. Cobalt in hard metals and cobalt sulfate, gallium arsenide, indium phosphide and vanadium pentoxide[R]. France, Lyon:International Agency for Research on Cancer, 2006:133.

[45] Suh M, Thompson C M, Brorby G P, et al. Inhalation cancer risk assessment of cobalt metal[J]. Regul Toxicol Pharmacol, 2016, 79:74-82.

[46] IARC Working Group on the Evaluation of Carcinogenic Risk to Humans. Chromium, nickel and welding[R]. France, Lyon:International Agency for Research on Cancer, 1990: 410-411.

[47] Yu M, Zhang J. Serum and hair nickel levels and breast cancer:systematic review and meta-analysis[J]. Biol Trace Elem Res, 2017, 179:32-37.

[48] 阎晓丹,李烨,叶向锋,等. 氧化钴的毒性评价及其作为医用材料的研究进展[J]. 癌变·畸变·突变,2015,27(4):323-324,328.

[49] 胡世洪,周月芬,许嘉萍. 镍及其化合物致癌作用研究进展[J]. 国外医学(卫生学分册), 1993(2):70-75.

[50] 陈健. 镍致职业性接触性皮炎的机制初探[D]. 广州:广东药科大学,2018.

[51] 陈沅江,吴超,吴桂香. 职业卫生与防护[M]. 北京:机械工业出版社,2011.

[52] 国家卫生健康委员会. 工作场所有害因素职业接触限值　第 1 部分:化学有害因素:GBZ 2. 1—2019[S]. 北京:中国标准出版社,2019.

[53] Septian A, Shin W S. Slow- release persulfate candle- assisted electrochemical oxidation of 2- methylnaphthalene:effects of chloride, sulfate, and bicarbonate[J]. J Hazard Mater, 2020, 400:123196.

[54] 卢城德,张放. 多环芳烃职业接触危害研究进展[J]. 中国职业医学,2017,44(4):502-504,509.

[55] 国家安全生产监管管理总局等十部委. 危险化学品目录(2015 版)[Z]. 北京:国家安全生产监管管理总局等十部委公告 2015 第 5 号:2015 年.

[56] 国家安全监管总局办公厅. 危险化学品目录(2015 版)实施指南(试行)[Z]. 北京:安监总厅管三〔2015〕80 号:2015.

[57] Saillenfait A M,SabatéJ P,Robert A,et al. Adverse effects of diisooctyl phthalate on the male rat reproductive development following prenatal exposure[J]. Reprod Toxicol,2013,42:192-202.

[58] 毛亦佳,贾忠,王兴刚,等. 碳酸锂的临床应用及其毒性研究进展[J]. 中国药房,2013,24(8):754-757.

[59] Scott S,David B,Bettijo R,et al. Lithium carbonate for aggression in mentally retarded persons[J]. Compr Psychiat,1989,30(6):505-511.

[60] Plenge U,Møller A M. Development of sustained vasodilatory shock and permanent loss of hearing after severe lithium carbonate poisoning[J]. Ugeskrift for Laeger,2008,170:354.

[61] de Celis G,Fiter M,Latorre X,et al. Oxyphilic parathyroid adenoma and lithium therapy[J]. Lancet,1998,352(9133):1070.

[62] 韩惠珠,李刚,丁志杰. 氯氮平联碳酸锂致酮症酸中毒死亡 1 例报告[J]. 中原精神医学学刊,1999(4):218.

[63] 张士忠. 碳酸锂所致皮肤症状[J]. 河北精神卫生,1992,5(1):64.

[64] Thakur S C,Thakur S S,Chaube S K,et al. Subchronic supplementation of lithium carbonate induces reproductive system toxicity in male rat[J]. Reprod Toxicol,2003,17(6):683-690.

第4章 热失控气体产物特性

锂离子电池在热失控过程中会因电解液沸腾或内部反应而生成大量气体,这些气体含有一定易燃易爆、有毒有害成分,在遇到环境中的氧气和点火源后,可能会发生爆炸,而其中的有毒有害成分被人体吸入后可能会造成窒息和中毒危害。同时这些气体在短时间内喷射出来,会迅速提升周围环境的气压,形成冲击压力。压力的释放,可能会对周围的设备产生冲击作用,如果靠近人员则会造成人身伤害。

为探究锂离子电池在热失控过程中气体产物的危险性,分析其可能产生的冲击压力危害,本章主要针对气体产物的组成成分、产气速率、气体浓度、爆炸极限和冲击压力的变化规律进行了研究,分析其可能产生的危险性。

4.1 实验装置与方法

4.1.1 实验装置

1. 热失控气体收集装置

在进行锂离子电池热失控气体产物特性测试时,改造图 2.2 中自制锂离子电池热失控测试装置,作为热失控气体收集装置。装置在原设备的基础上增加了排气管路和压力传感器。根据以往的经验,锂离子电池热失控在短时间内产生大量气体,即使是具有坚固外壳的锂离子电池组包,也需要一个能及时释放外部压力的排气口,防止瞬时超压破坏测试装置容器,造成石英玻璃碎裂。因此,为了收集测试气体和在测试冲击压力时的安全起见,本章在测试仪器盖体的顶部设置了一个用于收集气体产物和释放气压的排气口。压力传感器用于测试锂离子电池在热失控时安全阀开启、热失控排气或者发生燃爆过程中出现的环境压力变化。在实际气体冲击压力测试过程中,由于热失控的突然性,其压力上升的速度非常快,在短时间内,排气孔造成的压力损失几乎可以忽略不计。

测试装置容器内放置的平行于电池顶部的托盘,可以用来隔开电池,以创建一个相对独立的空间,用于容纳锂离子电池放出的热失控喷射气体。这一电池上方的圆柱形空间为:直径为 140mm,高度为 150mm(约 2.3L)。将压力传感器连接至测试装置顶部,电池上端排气孔与压力传感器底部感应部件之间的距离约为154mm(水平方向为35mm,垂直方向为150mm)。压力传感器型号为 HLEM HM90(德国),与之连接的数据采集系统为 DEWESoft SIRIUS 数据采集仪(斯洛文尼亚)。

2. 激光多普勒测速仪

激光多普勒测速技术是测量烟气流动速度的理想测量技术,激光多普勒测速仪(laser Doppler anemometry,LDA)可以根据激光频谱的相关性,结合空气动力学、流体力学等原理,实现计算流体动力学(computational fluid dynamics,CFD)模型的验证。锂离子电池热失控气体速率研究实验中所使用的仪器是由德国 Dantec Dynamics 有限公司研究开发的激光多普勒测速仪,如图 4.1 所示。该仪器结合激光多普勒系统,通过对干涉广场的频谱分析,使用最新的滤波方法实现测量数据的动态实时输出。

图 4.1　激光多普勒测速仪外观图

3. 气相色谱-质谱联用仪

本节进行气体成分含量分析主要采用气相色谱仪(GC)和气相色谱-质谱联用仪(GC-MS)。型号分别为美国安捷伦 7890A(进样量 1mL)和美国安捷伦 7890B 7000C(进样量 1mL),如图 4.2 所示。

4. 释放气体浓度数据采集仪

气体浓度在线测量的仪器是使用 MRU Vario Plus 烟气分析仪,该仪器是由

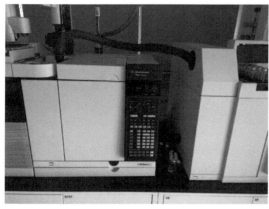

(a)仪器外观图　　　　　　　　　　　　　　(b)仪器内部结构图

图 4.2　气相色谱-质谱联用仪实物图

MRU GmbH 公司 74172NSU-Obereisesheim 生产制造的,见图 4.3。该烟气分析仪主要用于工业燃烧源气体、燃气轮机和发动机排放气体的浓度性质测试,实现排放和流量控制的功能。

图 4.3　MRU Vario Plus 烟气分析仪外观图

①LCD 显示器;②键盘;③肩带;④侧面板右侧带电源连接口;⑤侧面板左侧有气体连接口

MRU Vario Plus 烟气分析仪的气体测量原理是基于电化学原理及非色散红外气体传感原理的。其中,气体温度通过 K 型热电偶测量得到。在电化学测量中,输入气体的氧含量用两电极电化学传感器进行测量,有毒气体 CO 使用三电极电化学传感器进行测量。电化学传感器基于气体扩散技术。电化学生成的信号与分析气体组分的体积浓度(%或 10^{-6})呈线性关系。非色散红外气体传感的主要部件是红外线源、样品室、滤光片和红外探测器。红外光源发出的红外辐射经过样品室中的气体吸收之后,根据比尔-朗伯定律,气体引起红外光中特定波长被吸收,仪器通过检测器测量波长的衰减就可以确定气体浓度。光学滤光片一般位于检测器前,用来除去其他无关波长的光的影响。

5. FRTA 爆炸极限测试仪

本节中使用的爆炸极限测试仪是由美国爱迪塞恩公司研究开发的 FRTA 爆炸极限测试仪,见图 4.4。该仪器采用 ASTM E681-2009 标准测试方法检测标准大气压下可燃气体爆炸极限数据。为了安全起见,不能在比空气氧化性强的条件下如纯氧中进行实验,以免发生意外。FRTA 爆炸极限测试仪的实验结果可以作为火灾风险评估的重要参考依据。

(a)仪器外观图　　　　　　　　　　(b)仪器内部结构图

图 4.4　FRTA 爆炸极限测试仪实物图

4.1.2　实验方法

1. 产气速率测试实验

使用热失控气体收集装置加热电池产生气体,使用 LDA 进行产气速率测试,实验方案详见表 4.1。

表 4.1 锂离子电池热失控产气速率测试实验方案

实验序号	SOC/%	加热功率/W	环境温度/℃	气体气氛
1	0	400	300	空气
2	20	400	300	空气
3	40	400	300	空气
4	60	400	300	空气
5	80	400	300	空气
6	100	400	300	空气

2. 产气成分含量测试实验

制备此实验用的 18650 型锂离子电池，SOC 设置为 100%，使用设计加工的热失控气体收集装置，实验方案详见表 4.2。

表 4.2 锂离子电池热失控产气成分含量测试实验方案

实验序号	SOC/%	加热功率/W	环境温度/℃	气体气氛
1	100	400	200	空气

3. 产气过程中气体浓度变化测试实验

使用热失控气体收集装置加热电池产生气体，使用烟气分析仪器进行浓度变化测试，实验方案详见表 4.3。

表 4.3 锂离子电池热失控产气浓度变化测试实验方案

实验序号	SOC/%	加热功率/W	环境温度/℃	气体气氛
1	100	200	300	空气
2	100	200	300	氩气(1.5L/min)
3	100	400	300	氩气(1L/min)
4	100	400	300	氩气(1.5L/min)
5	100	400	300	氩气(2L/min)
6	0	400	300	氩气(1.5L/min)
7	20	400	300	氩气(1.5L/min)
8	40	400	300	氩气(1.5L/min)
9	60	400	300	氩气(1.5L/min)

实验序号	SOC/%	加热功率/W	环境温度/℃	气体气氛
10	80	400	300	氩气(1.5L/min)
11	100	400	140	氩气(1.5L/min)
12	100	400	180	氩气(1.5L/min)
13	100	400	220	氩气(1.5L/min)
14	100	400	260	氩气(1.5L/min)
15	100	100	300	氩气(1.5L/min)
16	100	200	300	氩气(1.5L/min)
17	100	300	300	氩气(1.5L/min)
18	100	500	300	氩气(1.5L/min)

4. 产气爆炸下限测试实验

使用热失控气体收集装置收集气体,使用 FRTA 爆炸极限测试仪进行产气爆炸下限测试,实验方案详见表 4.4。

表 4.4　锂离子电池热失控产气爆炸下限测试实验方案

实验序号	SOC/%	加热功率/W	环境温度/℃	气体气氛
1	0	400	300	空气
2	20	400	300	空气
3	40	400	300	空气
4	60	400	300	空气
5	80	400	300	空气
6	100	400	300	空气
7	100	100	300	空气
8	100	200	300	空气
9	100	300	300	空气
10	100	500	300	空气
11	100	400	180	空气
12	100	400	200	空气
13	100	400	220	空气
14	100	400	240	空气
15	100	400	260	空气
16	100	400	280	空气

5. 产气冲击压力变化测试实验

本节基于自制锂离子电池热失控测试装置,经改造后进行热失控冲击压力测试,测量不同状态下锂离子电池热失控产生的冲击压力的特征规律。具体实施方案计划见表 4.5。其中,热失控测试装置的加热体环境温度均设置为 300℃。

表 4.5　热失控产气冲击压力变化测试实验方案

实验组	实验序号	SOC/%	加热功率/W
A	1	20	400
	2	40	400
	3	60	400
	4	80	400
	5	100	400
B	6	100	200
	7	100	250
	8	100	300
	9	100	350
	10(5)	100	400

4.2　产气过程特性

4.2.1　产气过程

锂离子电池作为一种主要的工业动力电池,其安全性研究一直是行业热点。在锂离子电池安全性的研究中,锂离子电池的热失控研究起着极其重要的作用。为了减少意外事故的概率,保护工业环境安全,工业和信息化部于 2016 年 11 月发布了《汽车动力电池行业规范条件(2017 年)》(征求意见稿),根据动力电池的发展情况和市场需要,明确了各项动力电池的标准,对锂离子电池的生产、制造和应用都具有一定的指导意义。在动力电池的标准中,国家规定了高功率、高能量的应用测试规程,安全要求和实验方法,分别针对安全、电性能及循环寿命的技术要求和实验方法提出了国家标准。

锂离子电池热失控触发的原因主要包括电芯的老化、过充电、过放电、过压欠压及短路等,一旦发生热失控,由于锂离子电池内部的电解液和正极材料活性极高,随着温度的升高,反应逐渐加剧,可能导致锂离子电池起火或者爆炸。

　　为了明确锂离子电池热失控的产气过程,本章用高速摄影仪拍摄电池热失控的整个过程,如图 4.5 和图 4.6 所示,并结合对热失控发生过程不同阶段的放热量的已有研究[1](图 4.7),将整个过程划分为以下四个阶段。

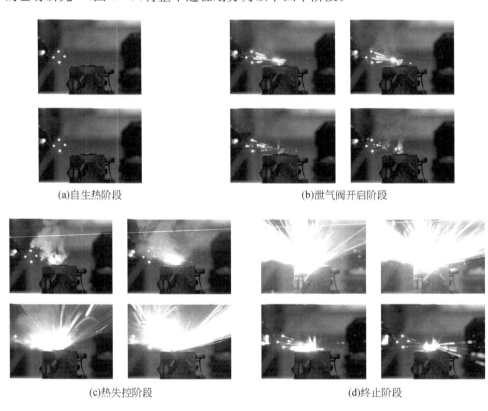

(a)自生热阶段　　　　　　　　　　　　　(b)泄气阀开启阶段

(c)热失控阶段　　　　　　　　　　　　　(d)终止阶段

图 4.5　锂离子电池在敞开空间发生热失控产气过程不同阶段现象图

(a)自生热阶段　　　　　　　　　　　　　(b)泄气阀开启阶段

(c)热失控阶段　　　　　　　　　　(d)终止阶段

图 4.6　锂离子电池在半封闭空间发生热失控产气过程不同阶段现象图

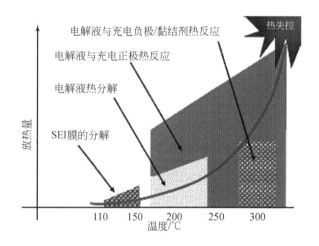

图 4.7　锂离子电池发生热失控过程

1. 自生热阶段

自生热阶段主要是由于电池内部的 SEI 膜溶解,负极活性材料会直接暴露在锂离子电池的电解液中,负极材料中石墨和嵌锂碳与电解液发生反应,进一步破坏 SEI 膜,并产生大量的热。自生热阶段的另一个热源是正极材料的自放电。

2. 泄气阀开启阶段

随着 SEI 膜的分解,锂离子电解液的温度随之升高,电池的隔膜开始熔化,隔膜的破坏会导致电池的电压下降,并发生内部短路,这一阶段的主要热量是短路引起的,随着隔膜的进一步溶解,电解液发生分解反应,电池电芯的内阻升高,隔膜被破坏,电池将发生不可逆的化学反应,在这个过程中会产生气体。当电池内部压力超过设定压力时,泄气阀会打开,释放出少量气体,锂离子的电解液也会出现一定程度的泄漏。

3. 热失控阶段

热失控反应阶段的主要热量由正、负极活性材料与电池电解液的反应和分解产生,这一阶段的温度会剧烈升高,并产生大量有毒有害气体,气体可能冲破锂离子电池的电芯壳体,锂离子电池内部的卷绕圆柱体与空气接触会发生剧烈的反应,可能发生喷射的现象,锂离子电子热失控的最高温度会出现在这一阶段。

4. 终止阶段

随着热失控反应的进行,电池内部的反应物全部燃烧殆尽,反应终止。由于锂离子电池的能量密度很高,一旦发生热失控,只能待其反应物完全反应才能终止,常规的消防手段无法阻止热失控反应,操作不当甚至引起剧烈爆炸。锂离子电池热失控之后一般需要隔离现场,待其反应终止后进行消防处理。

由于锂离子电池的热失控反应发生后,燃烧很剧烈,能够采取的措施有限,其失控又会产生大量气体。目前针对锂离子电池热失控反应产生气体的成分和含量的分析比较有限,本章针对锂离子电池热失控气体进行研究,分析其产生原理并总结规律,结合实验,通过对锂离子电池产生气体的分析,实现对锂离子电池热失控反应的预防和控制。

本章从锂离子电池热失控产气过程外部表现进行研究,得到的结果与欧洲科学家 Donal P. Finegan 使用同步加速器对 18650 型锂离子电池热失控过程进行 X 射线拍摄得到的结果相一致。X 射线拍摄图像结果明确显示了锂离子电池的内部结构及热失控过程内部卷绕圆柱和泄气阀的变化,如图 4.8 所示。

4.2.2 荷电状态对产气速率的影响

为了研究锂离子电池的热失控过程,本章结合 LDA 对锂离子电池热失控的产气速率进行了研究。该仪器主要基于激光多普勒干涉的原理,通过判断运动粒子对光的散射,分析其频谱的多普勒效应,得到测量数据。图 4.9 中 U 为粒子运动速度,e_i 是入射光方向,e_s 是接收光方向。

根据多普勒理论,接收光的频率为

$$f_s = f_i \frac{1 - e_i(U/c)}{1 - e_s(U/c)} \tag{4-1}$$

式中,f_i 是入射光频率;c 是光速。

由于粒子散射光的方向是全方位的,仪器使用探头来检测单独方向上的散射

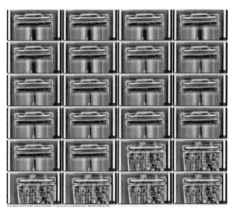

(a)正极失控过程X射线图像

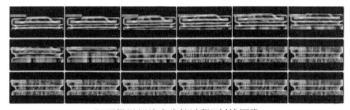

(b)正极局部放大失控过程X射线图像

图 4.8　18650 型锂离子电池失控过程 X 射线图像[2,3]

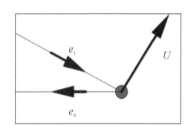 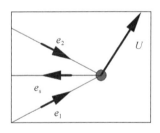 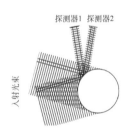

图 4.9　激光多普勒检测原理图[4]

光波,实验中仅需要考虑接收探头方向上的流速。

$$f_s \approx f_i \left[1 + \frac{U}{c}(e_s - e_i) \right] = f_i + \frac{f_i}{c}U(e_s - e_i) = f_i + \Delta f \tag{4-2}$$

通过测量频移 Δf 可得到粒子的运动速度。在实践中,只有高速运动的粒子所产生的频率改变才能被直接测量出来。更通用的是,运用接收探头接收两个交叉光所散射的光,根据上述公式,我们所要测量的速度可以表示为

$$u_x = \frac{\lambda}{2\sin(\theta/2)} f_D \tag{4-3}$$

式中，f_D 是多普勒频移。

　　这里需要注意的是，随着接收器位置的不同，从两束入射光所散射的光的路径差会不同。因此，还需要注意的是，当粒子经过测量体时，两个接收器接收到的脉冲信号的频率相同，而相位会随着接收器角度的不同而不同。Dantec Dynamics 公司的激光多普勒测速仪使用 BSA Flow 软件进行分析。BSA Flow 软件是专门用于激光多普勒测速的软件包，结合 LDA 处理器和光学 LDA 系统，通过不同模块的组合和增强，实现粒子速度的测量。使用 Particle Sizing 附加功能，BSA Flow 软件包也可以与粒子动力学分析结合使用。

　　根据锂离子电池热失控的产气过程，电池在泄气阀开启之后就会产生大量气体，由于在不同的热失控条件下，电池泄气阀开启后气体逸出的位置不确定，释放的气体的速度很难得到精确的测量。本节将锂离子电池放置在密闭环境下，只预留一个固定位置、固定大小的泄气口，通过测量泄气孔处的气体流动速率分析锂离子电池热失控产气速率。泄气孔为圆柱形小孔，内径为 3mm。

　　LDA 通过分析气体中的烟气流动速率，根据激光频谱的相关性，计算微型颗粒的流速，该仪器可以分析记录锂离子电池热失控过程中产生烟气颗粒的数量和流速。图 4.10 表示不同荷电状态下的锂离子电池在热失控过程中气体颗粒数量的分布。

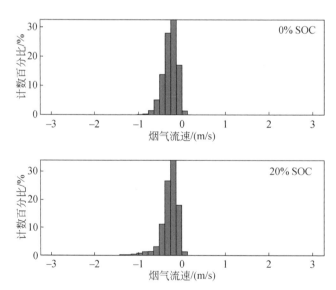

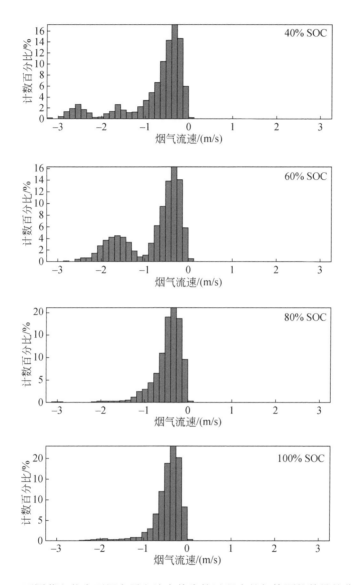

图 4.10　不同荷电状态下锂离子电池在热失控过程中的气体颗粒数量的分布图

如图 4.10 所示,在 0% SOC 和 20% SOC 下,锂离子电池热失控不太剧烈,产生的气体颗粒较少,平均速率较低,没有明显的峰值变化,数值为负表示放气;在 40% SOC 和 60% SOC 下,锂离子电池热失控较剧烈,锂离子电池泄气阀开启之后持续的时间较长,热失控反应较之前的状态剧烈,释放的烟气颗粒较多,并且出现多峰值的现象;在 80% SOC 和 100% SOC 下,锂离子电池热失控非常剧烈,锂离子电池泄气阀开启之后很短时间就发生了热失控。由于失控时间很短,热失控阶段测量的气体颗粒数量与气体颗粒总量的比值较低,所以尽管存在流速较高的气体,但是其数量并没出现明显的峰值,多峰值的现象范围没有 40% SOC 和 60% SOC 下明显。

为了分析锂离子电池热失控的产气过程,研究锂离子电池在不同阶段产生气体的流速信息,分别针对锂离子电池在不同荷电状态下热失控的不同阶段进行气体流速的测量。测量数据经过整理之后,可以用表 4.6 表示。

表 4.6　气体释放速率表

SOC/%	自生热阶段平均气体流速/(m/s)	泄气阀开启阶段平均气体流速/(m/s)	热失控阶段平均气体流速/(m/s)
0	0.1380	2.1138	没有发生失控
20	0.1086	1.9659	3.1580
40	0.1669	2.7992	3.1852
60	0.0925	1.8458	3.1840
80	0.1537	1.3794	3.2671
100	0.2586	1.1564	3.3168

如表 4.6 所示,在自生热阶段,锂离子电池基本不会产生气体,轻微的流速变化是由于空气受热膨胀引发的气流,气体流速最大也仅为 0.2586m/s,表明空气的热胀冷缩现象引起的速率变化较小。由于实验尽量保证在统一的外部环境下进行,所以气流的干扰可以忽略不计。在泄气阀开启阶段,锂离子电池产生气体的气流发生明显变化,随着荷电状态的增加,其产气速率呈现先升高后降低的趋势。究其原因,主要是由于在中等荷电状态下,锂离子电池内部充分反应,产生大量气体才会开阀,开阀瞬间的气体流速较高。在较低荷电状态下,反应不剧烈,产生的气体不多,气体流速有所降低。反之,在较高荷电状态下,电池内部还没来得及充分反应,泄气阀就打开了,产生的气体流速相对于中等荷电状态下的流速也会偏低。在热失控阶段,锂离子电池的热失控产气速率,随着荷电状态的增加而增加,规律性比较明显。图 4.11 直观地表示出不同阶段、不同荷电状态下气体流速的变化过程。

经过对锂离子电池热失控产气过程和速率的研究,发现锂离子电池在泄气阀开启之后,产生大量的气体,气体流速较快,产量很大,进行产气分析时,电池在泄气阀开启阶段的气体流速已经足够实现测量。通过比较泄气阀开启阶段的速度和热失控阶段的气体流速,发现两者的峰值存在差异,但不会引起质变,两个阶段的气体产量均满足实际测量的需求。

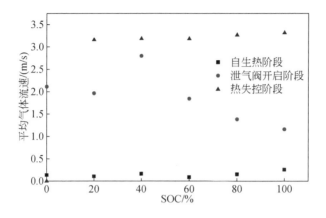

图 4.11　不同阶段、不同荷电状态下气体流速的变化图

4.2.3　产气成分及含量分析

目前,锂离子电池热失控反应的风险尚未得到充分研究和理解。热失控产生的机制和失控状态是复杂的,锂离子电池热失控过程存在很大的随机性。传统热失控的研究往往基于锂离子电池的温度、电压变化,对有毒气体泄漏及其成分分析、爆炸风险的预测等方面的研究比较少。鉴于锂离子电池热失控的危险性,迫切需要这方面的研究来指导锂离子电池热失控气体的监控,并制定保护策略。

锂离子电池电量越高,热失控反应越剧烈,在空气中的反应比在惰性气体中剧烈。本节选取 100% SOC 锂离子电池在空气介质中热失控反应情况作典型气体样本,利用气相色谱-质谱联用的方法检测分析锂离子电池热失控产气的气体成分及含量,预测可能发生的危险。

气相色谱-质谱联用仪通过判断测量结果中各种物质不同质谱峰高,可以得到对应物质成分。经过气相色谱和质谱仪器的测试,发现其前进气口的后部信号存在峰值,其中第一个峰值信号的质谱图,如图 4.12 所示。

如图 4.12 所示,被测气体质谱图的波峰出现在 m/z 为 44.1 处,峰值高达 10^6。根据积分的算法,通过检索谱库来确定这一质量片段的成分。设定该检测质量片段的扫描范围为 m/z 20~120。排除其他无关干扰成分,经过对比可以分析出其匹配分数,得到气体可能成分的概率。表 4.7 显示在 m/z 为 20~120 范围内被测气体的匹配结果,根据扫描结果,可以确定该波峰表示的气体为 CO_2。同理,得到部分气体成分的峰值信号的质谱图,如图 4.13 和图 4.14 所示。

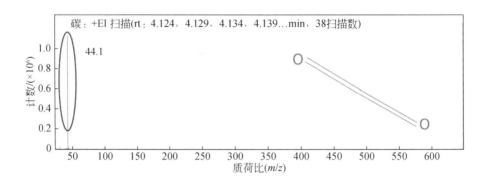

图 4.12　峰值信号的质谱图

表 4.7　被测气体匹配结果表

最佳	匹配分数/%	权重（谱库）	分子式
TRUE	96.7	44	CO_2
FALSE	95.9	78	$CH_6N_2O_2$
FALSE	95.9	44	CO_2
FALSE	76.3	86.1	$C_4H_{10}N_2$
FALSE	73.4	44	N_2O
FALSE	72.5	116.1	$C_5H_{12}N_2O$
FALSE	71.3	44	N_2O
FALSE	70.8	44	C_2HF
FALSE	69.6	117.1	$C_5H_{11}NO_2$
FALSE	69.6	90	$C_2H_2O_4$

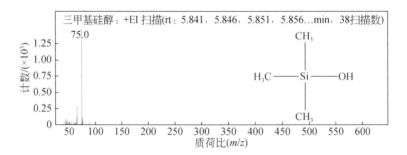

图 4.13　三甲基硅醇峰值信号的质谱图

根据测量结果得到所有未知气体的气相色谱和质谱图,并与标准气体进行比对,如图 4.15 所示。

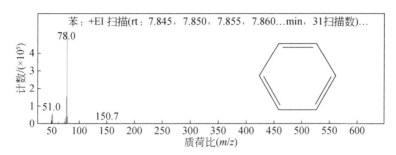

图 4.14　苯峰值信号的质谱图

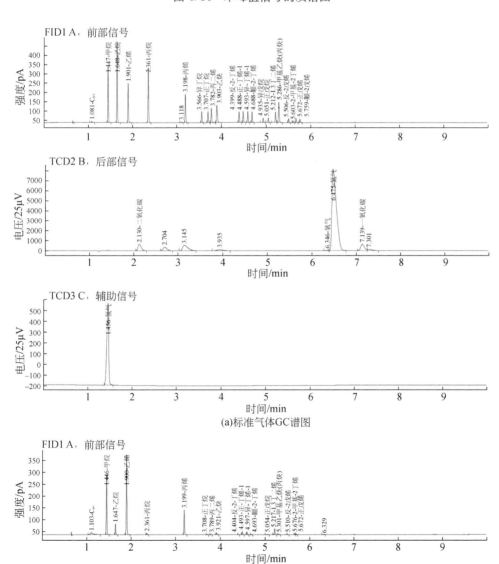

(a)标准气体GC谱图

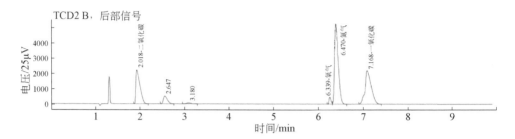

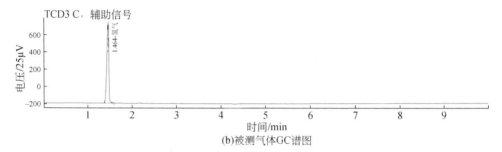

(b)被测气体GC谱图

图 4.15 锂离子电池热失控产气成分的 GC 谱图

经检测得到锂离子电池热失控产气的 GC-MS 谱图,如图 4.16 所示。对应色谱图峰值如表 4.8 所示。

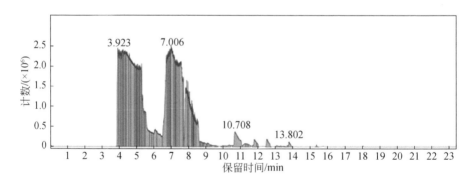

图 4.16 检测气体 GC-MS 谱图

表 4.8 被测气体对应色谱图峰值

保留时间/min	峰高	峰高百分比/%	面积	面积百分比/%	面积加和百分比/%	对称因子
4.281	1782787.97	34.99	14161860.39	25.46	5.47	0.32
4.372	1323393.18	25.97	5417616.33	9.74	2.09	0.31

续表

保留时间 /min	峰高	峰高百分比/%	面积	面积百分比/%	面积加和百分比/%	对称因子
4.473	1484017.88	29.13	11533762.64	20.74	4.46	0.47
4.574	1740433.84	34.16	7032757.1	12.64	2.72	0.54
4.614	1737514.45	34.1	6730513.7	12.1	2.6	1.29
4.675	1747863.92	34.31	9899590.2	17.8	3.83	2.28
5.205	5095049	100	52138820.28	93.74	20.15	0.06
5.876	249322.92	4.89	955413.6	1.72	0.37	1.17
5.932	265632.03	5.21	1115574.68	2.01	0.43	1.86
6.29	204639.25	4.02	1715435.08	3.08	0.66	1.14
6.946	4576052.41	89.81	38679954.19	69.55	14.95	0.2
7.072	1272695.69	24.98	6343690.85	11.41	2.45	0.18
7.229	2872012.72	56.37	55618493.8	100	21.5	1.69
7.481	2003613.53	39.32	9862633.29	17.73	3.81	3.8
7.587	901951.31	17.7	2251727.84	4.05	0.87	2.86
7.926	1406388.08	27.6	8556134.49	15.38	3.31	1.8
8.198	473071.08	9.28	3307692.38	5.95	1.28	0.23
8.233	672368.47	13.2	10873731.48	19.55	4.2	19.7
10.717	290407.36	5.7	1094132.96	1.97	0.42	1.89
10.853	197590.99	3.88	901282.52	1.62	0.35	0.38
10.894	187428.54	3.68	1493288.17	2.68	0.58	7.19
11.823	1001818.34	19.66	2732201.89	4.91	1.06	1.39
11.924	703719.96	13.81	5565786.96	10.01	2.15	1.93
12.615	102755.74	2.02	727394.39	1.31	0.28	2.58

　　结合未知气体的气相色谱和质谱图,通过与标准气体对比谱表,实现对锂离子电池热失控产生气体的成分及含量分析,可以得到 100% SOC 锂离子电池热失控产生的未知气体的主要成分和比例,分析结果中含量排名前六的物质成分分别为 N_2（33.1320%）、CO_2（29.8571%）、H_2（15.2542%）、CO（7.2646%）、CH_4（5.7084%）、C_2H_4（4.3276%）,具体如表 4.9 所示。

表 4.9 被测气体成分含量结果表

物质成分	化学式	质量分数/%	物质成分	化学式	质量分数/%
二氧化碳	CO_2	29.8571	氧气	O_2	0.24404
氮气	N_2	33.1320	正戊烷	C_5H_{12}	0.0960
一氧化碳	CO	7.2646	1,3-丁二烯	C_4H_6	0.1623
氢气	H_2	15.2542	丙炔	C_3H_4 $(CH_3C{\equiv}CH)$	0.0238
甲烷	CH_4	5.7084	反-2-戊烯	C_5H_{10} $(CH_3CH{=}CHCH_2CH_3)$	0.0060
乙烷	C_2H_6	0.5403	2-甲基-2-丁烯	C_5H_{10} $[CH_3C(CH_3){=}CHCH_3]$	0.0252
乙烯	C_2H_4	4.3276	正戊烯	C_5H_{10} $(H_2C{=}CHCH_2CH_2CH_3)$	0.0122
丙烷	C_3H_8	0.0564	苯	C_6H_6	0.7838
丙烯	C_3H_6	0.8950	甲苯	C_7H_8	0.1315
正丁烷	C_4H_{10}	0.0087	三甲基硅醇 (1,1,2-三甲基丙基)	$C_3H_{10}OSi$	0.0631
丙二烯	C_3H_4 $(CH_2{=}C{=}CH_2)$	0.0204	二甲基硅醇	$C_8H_{20}OSi$	0.1127
乙炔	C_2H_2	0.08465	乙酸戊酯	$C_7H_{14}O_2$	0.4184
反-2-丁烯	C_4H_8 $(CH_3CH{=}CHCH_3)$	0.0118	六甲基环三硅氧烷	$C_6H_{18}O_3Si_3$	0.3731
正丁烯	C_4H_8 $(CH_2{=}CHCH_2CH_3)$	0.0846	2,4-二甲基-1-庚烯	C_9H_{18}	0.0478
异丁烯	C_4H_8 $[(CH_3)_2C{=}CH_2]$	0.0790	C_{6+}		0.1751

4.2.4 产气机理分析

基于《电动汽车用动力蓄电池安全要求》(GB 38031—2020),为了明确锂离子电池热失控产物,需要对锂离子电池本身的物质成分进行分析。根据锂离子电池的物质组成,本章所用锂离子电池的主要危险成分为:正极(锂钴氧化物)、负极(石墨)及电解液($C_3H_4O_3$、$C_5H_{10}O_3$ 及 $LiPF_6$)。根据三星 SDI 对于 ICR18650-26H

M 型号锂离子电池的化学品安全技术说明书[5,6]，可以发现该型号的锂离子电池中主要危险成分如表 4.10 所示。

表 4.10　18650 型锂离子电池危险成分表

化学名称	质量分数/%	化学名称	质量分数/%
CoO(氧化钴)	<3	PVdF(聚偏二氟乙烯)	<10
MnO_2(二氧化锰)	<30	铝箔	2~10
NiO(氧化镍)	<30	铜箔	2~10
C(碳)	<30	铝和惰性材料	5~10
电解液(混合物)	<20		

表 4.10 中，CoO、MnO_2、NiO 属于有毒有害的刺激性物质，碳、铝箔、铜箔在高温情况下为易然物质，根据本工作选取锂离子电池特有的成分，可以分析出电池受热后反应可能产生 H_2 和 CO_2/CO，电解液发生反应还可能产生少量的 CH_4、C_2H_4 和 C_2H_6 等成分。锂离子电池热失控产生的气体大部分组分都是可燃的，并且有一定的毒性，需要详细确认各个部分的组成和含量。

为详细了解锂离子电池各个部分的具体组成，Golubkov 等[7]通过将电池分解的方法，确定了 18650 型锂离子电池中正、负极材料及电解液等各种成分的含量，如表 4.11 所示。

表 4.11　18650 型锂离子电池主要成分表

主要成分	质量分数/%	主要成分	质量分数/%
正极活性材料	41	铝箔	4
负极活性材料	18	铜箔	7
外壳	17	隔膜	3
电解液	10		

锂离子电池受热后电解液分解会有气体排出，通常电池都有特殊设计，临时储存这些气体。如果温度足够高，产生的气体量太大会导致电池内部的气体压力变大，一旦超过一定范围，可能导致电池外壳破裂甚至引发爆炸。锂离子电池热失控的气体多数为易燃和有毒气体，一旦发生失控，很难阻止其反应。为了保障锂离子电池的安全，通常可以在电池电解质中添加部分添加剂，当温度低于临界温度时，添加剂不影响电池正常使用，当温度超过临界温度，由于电解液中带有大量挥发性的有机溶剂，如果任由其反应，非常危险。电解液中的添加剂会阻止电解液的流动，增大其电阻，尽量避免更剧烈的反应。18650 型锂离子电池还预制了泄气阀，

通过泄气阀的打开,机械地减少电池内部气压,减少电池热失控的风险。

锂离子电池在失控时产生大量气体,无论其失控的过程剧烈与否,气体都将通过泄气阀排出。锂离子电池在正常条件下是完全密封的,不会释放任何气体。当锂离子电池被加热、过充电、过放电或发生故障时,电池热失控会产生大量成分复杂的有毒物质。锂离子电池热失控与大多燃烧过程一样,会释放出大量的 CO_2 和 CO,电解液中的有机物也会与空气接触后反应产生有毒气体。除了电池本身之外,电池系统的其他材料,包括塑料、橡胶、电缆、冷却剂等在燃烧时也会释放有毒气体,例如聚氯乙烯(polyvinyl chloride,PVC)塑料燃烧会产生氯化氢,聚氨酯燃烧会产生剧毒气体氰化氢。锂离子电池有害气体的来源还包括正负极材料和隔膜中的有害物质,阻燃剂在热失控发生时也会产生有毒气体。

根据 4.2.3 节研究分析得到锂离子电池热失控气体的成分及含量,结合相关文献[8-11],进一步分析了锂离子电池热失控产气的反应原理。

1. CO_2 产生的机理

在 80~120℃时,SEI 膜受热发生分解反应会生成 CO_2:

$$(CH_2OCO_2Li)_2 \longrightarrow Li_2CO_3 + C_2H_4 + CO_2 + 1/2O_2 \tag{4-4}$$

在 200~225℃时,电解液发生分解反应会生成 CO_2:

$$C_2H_5OCOOPF_4 \longrightarrow POF_3 + CO_2 + C_2H_5F \tag{4-5}$$

$$C_2H_5OCOOPF_4 \longrightarrow POF_3 + CO_2 + C_2H_4 + HF \tag{4-6}$$

$$C_2H_5OCOOPF_4 + HF \longrightarrow PF_4OH + CO_2 + C_2H_5F \tag{4-7}$$

在 150~330℃时,正极与电解液反应会生成 CO_2:

$$5/2O_2 + C_3H_4O_3(EC) \longrightarrow 3CO_2 + 2H_2O \tag{4-8}$$

$$4O_2 + C_4H_6O_3(PC) \longrightarrow 4CO_2 + 3H_2O \tag{4-9}$$

$$3O_2 + C_3H_6O_3(DMC) \longrightarrow 3CO_2 + 3H_2O \tag{4-10}$$

在锂离子电池热失控期间,反应最剧烈的是金属锂与氧气反应,电池的负极在高温情况下,根据不同的充电量释放出一定量的锂,锂与空气接触产生大量的热,会导致负极材料中的石墨与氧气反应,产生 CO_2:

$$C + O_2 \longrightarrow CO_2 \tag{4-11}$$

此外,锂离子电池中很多固体电解质可以通过和水或者 HF 反应产生 CO_2:

$$ROCO_2Li + HF \longrightarrow ROH + CO_2 + LiF \tag{4-12}$$

$$2ROCO_2Li + H_2O \longrightarrow 2ROH + Li_2CO_3 + CO_2 \tag{4-13}$$

在锂离子电池的负极或者通过正负极的离子还原反应可以产生 Li_2CO_3,Li_2CO_3 通过加热可以与电池中的 HF 反应产生 CO_2:

$$Li_2CO_3 + 2HF \longrightarrow 2LiF + CO_2 + H_2O \tag{4-14}$$

2. H_2 产生的机理

在锂离子电池热失控期间,电池的负极在高温情况下,根据不同的荷电量释放出一定量的锂,锂与水发生反应会产生 H_2,并产生大量的热:

$$2Li + H_2O \longrightarrow Li_2O + H_2 \tag{4-15}$$

锂与反应生成的氟化氢可继续反应生成 H_2:

$$2Li + 2HF \longrightarrow 2LiF + H_2 \tag{4-16}$$

H_2 的另一个可能的来源是黏合剂与氧化锂的反应。常见的黏合剂材料是聚偏二氟乙烯和羧甲基纤维素。在温度高于 230℃ 的情况下,电池发生热失控,负极脱落,石墨颗粒暴露于周围的电解质。当温度超过 260℃,聚偏二氟乙烯可能与锂在负极发生反应并释放 H_2:

$$-CH_2-CF_2- \ + \ Li \longrightarrow LiF \ + \ -CH{=}CF- \ + \ 1/2H_2 \tag{4-17}$$

类似地,羧甲基纤维素与锂反应可以表示为

$$CMC-OH \ + \ Li \longrightarrow CMC-OLi \ + \ 1/2H_2 \tag{4-18}$$

3. CO 产生的机理

针对本实验所选取的钴酸锂电池,CO 的主要来源为不充分燃烧。由于钴酸锂电池的负极通过反应会产生有限的氧气,在热失控的条件下,氧气会与含碳的材料进行不完全燃烧,产生 CO:

$$C + 1/2O_2 \longrightarrow CO \tag{4-19}$$

此外,产生 CO 的另一个原因是电池正极的锂离子与 CO_2 反应。当氧元素不够多时,电池正极的锂离子会发生如下反应:

$$2CO_2 + 2Li^+ + 2e^- \longrightarrow Li_2CO_3 + CO \tag{4-20}$$

碳酸锂在高温情况下会发生吸热分解与石墨中的碳原子反应,产生 CO:

$$Li_2CO_3 + C \longrightarrow Li_2O + 2CO \tag{4-21}$$

4. CH_4 及其他气体产生的机理

锂离子电池的电解液还原成碳酸锂的过程、电解液分解反应过程(200~225℃)及正极与电解液的放热反应过程(150~330℃)均会产生 CH_4 及有机气体:

$$C_3H_6O_3(DMC) + 2Li^+ + 2e^- + H_2 \longrightarrow Li_2CO_3 + 2CH_4 \tag{4-22}$$

$$2Li + C_3H_4O_3(EC) \longrightarrow Li_2CO_3 + C_2H_4 \tag{4-23}$$

$$2Li + C_4H_6O_3(PC) \longrightarrow Li_2CO_3 + C_3H_6 \tag{4-24}$$

$$2Li + C_3H_6O_3(DMC) \longrightarrow Li_2CO_3 + C_2H_6 \tag{4-25}$$

$$2Li + C_5H_{10}O_3(DEC) \longrightarrow Li_2CO_3 + C_4H_{10} \tag{4-26}$$

$$2Li + C_4H_8O_3(EMC) \longrightarrow Li_2CO_3 + C_3H_8 \qquad (4-27)$$

4.3 产气浓度变化及危险性

锂离子电池的安全是一个非常复杂的问题。由于锂离子电池产生气体的成分尚未完全明确,电池失效机制还不是很清楚,为了实现完善的风险评估,需要对锂离子电池热失控产气的过程进行分析。本章进行了锂离子电池的产气分析,发现其中含有大量的易燃易爆、有毒有害气体,但是对于各种气体的释放时间尚未明确,有些气体可能在发生热失控之前释放。如果这些气体没有经过监控和处理,在有限的空间中与空气混合并被点燃,就会发生气体爆炸。在锂离子电池的安全监控中,气体燃烧、爆炸和有毒气体危害应该受到足够的重视,本章针对锂离子电池热失控产气的浓度变化情况进行了分析。

4.3.1 不同气氛热失控产气对比分析

锂离子电池热失控产生的气体可能发生爆炸,导致电池使用和储存中发生安全事故,从理论到实践表明,锂离子电池产生的可燃气体主要成分是 H_2、CO 和 CH_4,反应同时也会产生抑制燃烧的 CO_2。研究锂离子电池热失控过程中的产气浓度变化,总结典型气体的时间-浓度曲线,分析不同气体的浓度规律,对锂离子电离热失控的风险评估等具有实际应用意义。

为保证锂离子电池产气浓度分析结果的有效性,本章从易燃气体中选取 CO,从抑爆成分中选取 CO_2,用实验的方法模拟锂离子电池的热失控反应,并对反应的气体浓度进行分析。基于锂离子电池热失控的反应机理,为了排除外界环境对锂离子电池热失控反应的影响,需要对锂离子电池热失控的实验环境进行模拟和验证。锂离子电池热失控的剧烈程度受到荷电状态、加热功率和环境温度的影响,在分析这些影响因素之前,首先需要对测量的总体环境进行标定,排除空气和测量速度对测量结果的影响,选取最佳的测量环境,保证测量结果准确、合理。

为了确定空气对锂离子电池热失控的影响,本节通过空气环境和氩气环境产生气体的对比,针对不同时间混合气体的浓度变化的实验数据进行分析。对比实验设定实验环境的详细参数为:加热功率 200W,电池荷电状态 100%,进气速度 1.5L/min,其对比结果如图 4.17 所示。

从图 4.17 可以直观地看出,锂离子电池在空气和氩气环境下,发生热失控反应的温度变化程度差异不大,根据锂离子电池的放热反应温度曲线,在空气和氩气环境下温度的最大值分别为 639.2℃ 和 679.8℃,其相对误差仅为 6.35%。实验表明,锂离子电池在氩气环境下热失控反应的温度曲线降低并不明显。在氧气环境

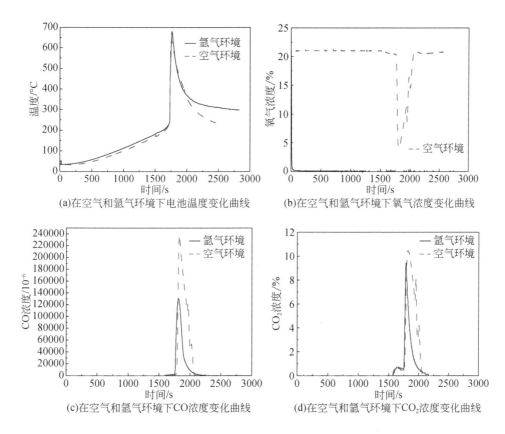

(a)在空气和氩气环境下电池温度变化曲线　　(b)在空气和氩气环境下氧气浓度变化曲线

(c)在空气和氩气环境下CO浓度变化曲线　　(d)在空气和氩气环境下CO_2浓度变化曲线

图 4.17　空气和氩气环境下锂离子电池热失控不同气体浓度变化图

下,由于锂离子电池热失控过程比较复杂,剧烈的反应会消耗大量的氧气,而空气中氧气的变化,会引起 CO 和 CO_2 的波动,这一定程度上降低了测量数据的准确性。同样的热失控反应在氩气环境下,氧气浓度接近 0%,氩气作为保护气体,导致锂离子电池热失控过程中,失控产生的可燃气体只能与电池内部电解液受热分解产生的活性气体进行反应。由实验现象可得知,在氩气环境下锂离子电池热失控瞬间也会发生燃烧,说明锂离子电池热失控过程中会产生部分氧气,瞬间被内部反应消耗完,所以氧气浓度无明显变化。从图 4.17 可以看出,锂离子电池热失控反应的主要差异体现在 CO 和 CO_2 的浓度变化上,在排除了空气中氧气对燃烧的支持之后,CO 浓度明显降低。CO 浓度峰值变化接近 50%。虽然对于 CO_2 浓度峰值变化影响不大,但是产生气体的总量发生了重大的变化,在空气环境下 CO_2 的浓度积分为 1989.6,而在氩气环境下下降为 961.1,降幅接近 50%。综上所述,为了明确锂离子电池产气浓度分析结果的准确性和有效性,本章选取在氩气环境下对锂离子电池的热失控反应产气过程进行研究。

实验选取 MRU Vario Plus 烟气分析仪对气体成分进行分析,该仪器需要被测气体以一定的流速经过检测传感器才可以输出数据。在氩气环境下,不同的被测气体流速可能对实验结果产生影响,气体流速过高,可能影响锂离子电池热失控反应的温度,气体流速过低会影响整个气体浓度测量的动态响应。图 4.18 展示了在不同气体流速下,锂离子电池热失控温度和气体浓度的时间变化曲线。

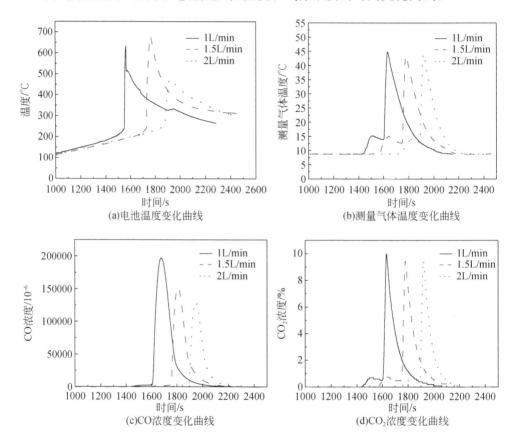

(a)电池温度变化曲线　　　　(b)测量气体温度变化曲线

(c)CO浓度变化曲线　　　　(d)CO₂浓度变化曲线

图 4.18　不同氩气流速环境锂离子电池热失控温度和气体浓度变化图

图 4.18(a)为锂离子电池热失控过程的温度-时间曲线,可以明显地看出当气体流速为 2L/min 时,由于气体流速较大,锂离子电池热失控的温度测量点受到了氩气气流的影响,导致其反应温度测量结果偏低,影响了结果输出的精确度。此外,图 4.18 显示了锂离子电池热失控产生气体到达测量点的温度-时间曲线、锂离子电池热失控产生 CO_2 和 CO 的浓度-时间曲线,可以发现在相同的外界环境下,气体流速越低,测量的结果也就越低,该现象表明测量结果的动态响应速率随着气体浓度的降低而降低。根据测量结果,在保证锂离子电池测温点温度真实性的前

提下,选取动态响应效果最好的 1.5L/min 的氩气流速作为测量速度最为合理。

4.3.2　不同热失控条件下产气的浓度变化

锂离子电池热失控后释放的气体积累到一定程度,如果不经处理可能引发二次爆炸并引发安全事故。为了明确锂离子电池的产气过程,本节使用实验验证的方法,分别针对不同荷电状态、不同加热功率和不同环境温度,对锂离子电池热失控气体的产气过程进行分析并总结规律。

1. 不同荷电状态

为了明确不同荷电状态对锂离子电池的热失控气体的产气的影响,本章选取 0%～100% 区间内的等间隔采样点,分别研究了 0%、20%、40%、60%、80% 和 100% SOC 下锂离子电池的产气过程。经过自行研发的反应装置采集,锂离子电池在不同荷电状态下的温度-时间曲线结果如图 4.19 所示。

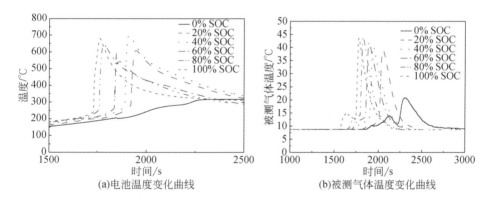

(a)电池温度变化曲线　　　　(b)被测气体温度变化曲线

图 4.19　不同荷电状态环境锂离子电池热失控气体温度变化图(彩图请扫封底二维码)

随着 SOC 的升高,电池热失控所需的时间越短,产生的热量越多,电池内部反应也越剧烈。锂离子电池的反应温度随着 SOC 的下降呈现下降趋势,由于锂离子电池的能量效率极高,其失控反应也非常剧烈,热失控的测温点与锂离子电池内部失控的相对位置会影响测量温度的峰值,这也就导致了图 4.19 中温度峰值的变化不明显,温度峰值的变化不会影响其曲线趋势。为明确锂离子电池热失控反应的剧烈程度,在气体浓度的测量点处添加温度测量装置,该装置的峰值可以直观地反映出锂离子电池热失控反应的剧烈程度[图 4.19(b)]。显然,锂离子电池热失控产气的峰值温度随着 SOC 的下降而降低,反应产生的总热量是温度变化与比热容之间的乘积,实验结果记录了温度由室温升高到峰值又返回室温的全部过程,其温度变化积分在一定程度上可以体现锂离子电池放热反应产生的总热量。根据计算,反应产生的总热量也随着 SOC 的降低而降低,详细数据如表 4.12 所示。

表 4.12　荷电状态与温度变化数据表

SOC/%	温度峰值/℃	温度变化积分/(℃·s)
0	44.00	834.0
20	78.00	2050.5
40	40.40	2480.3
60	41.80	2875.9
80	44.00	2909.7
100	43.56	2977.4

表 4.12 中温度变化积分的计算公式为

$$S_t = \int_{t_s}^{t_e} (t_i - t_0)\, \mathrm{d}t \qquad (4\text{-}28)$$

式中,S_t 为温度变化积分;t_s 为测量温度的起始时间;t_e 为测量温度的终止时间;t_i 为当前温度;t_0 为初始温度。根据计算结果,可见 0% SOC 下,锂离子电池热失控反应很微弱,温度变化相对小,产生的热量相对较低。锂离子电池热失控之后,会产生大量的热量,电解液分解也会产生氧气,石墨电极中的碳原子与氧气反应生成 CO_2 和 CO,图 4.20 表示热失控过程中不同时刻这两种气体浓度的变化情况。

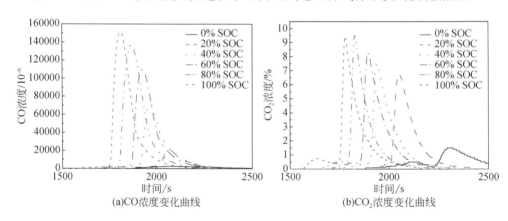

(a)CO浓度变化曲线　　　　(b)CO₂浓度变化曲线

图 4.20　不同荷电状态锂离子电池热失控气体浓度变化图(彩图请扫封底二维码)

如图 4.20 所示,随着锂离子 SOC 的升高,混合气体中 CO 的浓度呈逐步上升的趋势,CO 从锂离子电池泄气阀开启时就伴随产生,在热失控反应的过程中达到峰值,该峰值随锂离子电池 SOC 的降低而降低,由于锂离子电池的电解液受热分解,会产生氧气,当氧气充分时,石墨电极的燃烧会产生 CO_2,CO_2 的产气规律与

CO 类似。造成这一结果的主要原因是锂离子电池热失控反应中氧气的产生与反应的剧烈程度有关,而氧气的浓度主要决定了 CO_2 和 CO 的浓度。

2. 不同高温环境温度

锂离子电池在不同环境温度下的热失控剧烈程度不同,为了模拟高温环境温度对锂离子电池产气浓度的影响,分别在 140℃、180℃、220℃、260℃ 和 300℃ 的恒定高温环境下,研究了锂离子电池的产气过程。经过自制的反应装置采集,锂离子电池在不同高温环境下的温度-时间曲线结果如图 4.21 所示。

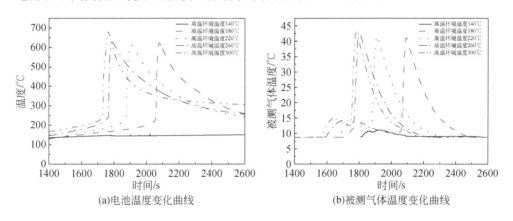

图 4.21　不同高温环境温度锂离子电池热失控温度变化图

图 4.21(a)表示随着环境温度的升高,电池热失控所需的时间越短,产生的热量也越多,电池内部反应也越剧烈。本章中锂离子电池热失控的泄气阀开启时的温度为 180～200℃,热失控反应的起始温度为 230～240℃。随着外界环境温度的升高,锂离子电池热失控反应也越剧烈。在 140℃ 的条件下,锂离子电池内部的自我保护装置起到了作用,电池只会发生泄气阀漏气的现象,不会发生强烈的热失控反应。图 4.21(b)表示锂离子电池热失控产气的温度随时间的变化曲线。锂离子电池热失控后,会产生大量的热量,电解液分解也会产生氧气,石墨电极中的碳原子与氧气反应生成 CO_2 和 CO。

如图 4.22(b)所示,随着环境温度的升高,混合气体中 CO_2 的浓度呈逐步上升的趋势,CO_2 从锂离子电池泄气阀开启时就伴随产生,在热失控反应的过程中达到峰值,该峰值随环境温度的降低而降低,由于锂离子电池的电解液受热分解,会产生氧气,当氧气不充分时,石墨电极的燃烧会产生 CO,如图 4.22(a)表示 CO 的时间-浓度曲线。CO 的产气规律与 CO_2 类似,需要注意的是 CO 的浓度曲线在 180℃ 左右的条件下,表现得与其他曲线趋势不同,这里出现拐点的原因是此温度接近锂离子电池的泄气阀开启温度,在此温度下,锂离子电池内部的电解液和隔膜会充分反应进行融合,产生的 CO 的浓度也就偏高。

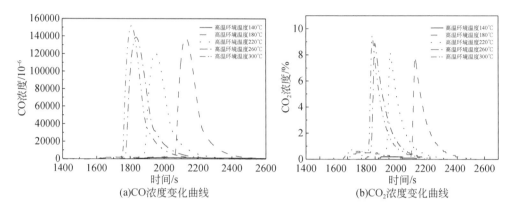

(a)CO浓度变化曲线   (b)CO₂浓度变化曲线

图 4.22　不同高温环境锂离子电池热失控气体浓度变化图

3. 不同加热功率

本节分别研究了 100W、200W、300W 和 400W 的加热功率下锂离子电池的产气过程。在不同加热功率下锂离子电池热失控的温度-时间曲线结果如图 4.23 所示。

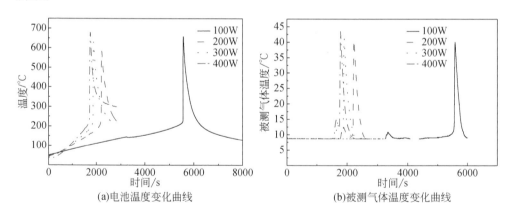

(a)电池温度变化曲线   (b)被测气体温度变化曲线

图 4.23　不同加热功率下锂离子电池热失控温度变化图

由图 4.23 可知,随着加热功率的升高,电池热失控所需的时间越短,产生的热量也越多,电池内部反应也越剧烈。在加热功率为 100W 的条件下,锂离子电池的升温速率维持在一个比较稳定的状态,在锂离子电池的泄气阀开启之后,锂离子电池的温度长期保持在临界状态,内部电解液与隔膜充分反应,从安全阀开启到热失控发生的时间延迟很大,但是热失控反应剧烈程度并没有剧烈下降,热失控反应的产热与其他曲线相比差距不大。

为了便于对比,将 100W 加热功率下锂离子电池热失控的时间-浓度曲线提前3000s,其他曲线时间不变,得到不同加热功率情况下锂离子电池热失控产生 CO_2 和 CO 的曲线(图 4.24)。随着加热功率的降低,混合气体中 CO 的浓度呈逐步下降的趋势,CO 是从锂离子电池泄气阀开启时就产生的,在热失控反应过程中达到峰值,该峰值随加热功率的降低而降低。由于锂离子电池的电解液受热分解,会产生氧气,当氧气充分时,石墨电极的燃烧会产生 CO_2,CO_2 的产气规律与 CO 类似。

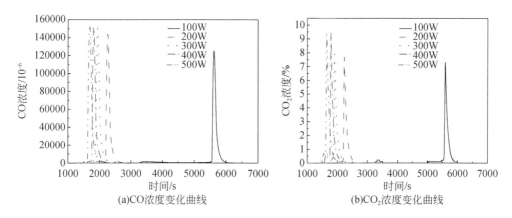

图 4.24　不同加热功率下锂离子电池热失控气体浓度变化图

4.3.3　产气危险性预测模型

根据锂离子电池热失控产气的时间-浓度曲线,使用贝叶斯方法评定锂离子电池热失控安全性的不确定度。基于贝叶斯信息融合的评定方法是以贝叶斯统计推断为基础,根据一个不确定量的先验概率分布,综合历史信息和当前样本信息的处理方法,通过处理先验数据的概率分布得到不确定度的评定结果。锂离子电池的能量密度极高,其热失控是一个不可逆过程,一旦发生热失控,只能待其反应完成,很难在热失控途中阻止其反应。结合贝叶斯先验数据的评定结果,预测可能发生热失控的时间,既满足预测模型的理论依据,同时也具有重要的实际意义,通过安全不确定度模型的评定和更新,准确合理地预测锂离子电池热失控的安全性。

1. 贝叶斯先验概率分布

本章使用贝叶斯定理,首先将锂离子电池热失控产生的浓度数据视为随机变量,根据锂离子电池热失控产生气体的浓度变化过程,确认其为先验概率分布,依

据贝叶斯公式 $\pi(\theta|x)\propto l(x|\theta)\pi(\theta)$，结合先验概率分布和当前的测量数据，得到当前的测量数据的概率分布，实现对测量数据的预测。贝叶斯方法主要依据历史测量数据计算合理的先验概率分布。

贝叶斯定理的基本思想是根据模型的样本似然函数和测量数据的先验概率分布推导测量数据的后验分布。评定过程中确定先验概率分布函数的方法主要分为两大类，一类是主观先验分布确定方法，另一类是非主观先验分布确定方法。主观的方法主要是根据人为经验和历史数据等主观信息，使用直观图法、相对似然法、累计分布函数法进行评定的方法。使用主观先验分布确定方法的数学基础是保证标定数据服从有界离散分布，并且测量数据与选定的概率分布函数相匹配并服从连续分布。在实际应用中，主观的方法需要大量的历史数据积累和足够多的处理经验，只有通过大量数据的处理，才能优化分布函数，确定子区间的范围。在非主观先验确定方法中，通常采用无信息先验分布确认方法，使用贝叶斯假设进行预测，基于等可能原则，按照平均分布的方法，计算先验分布。在先验分布确定方法的确认过程中，往往需要主观信息与非主观信息相结合，常用的结合方法有共轭先验分布、多层先验分布、最大熵先验分布和最大数据信息先验分布等，通过多重测量信息的结合，可以保证评定结果的客观性和科学性。

在锂离子电池热失控的浓度测量数据中，经过测量可以得到一定量的已知先验信息和测量样本的分布，选取共轭先验分布的评定过程将先验信息与测量样本的分布信息进行结合，并改变相应的分布参数，通过每一步的信息融合和重组计算出动态的概率分布函数。在计算过程中，每一次共轭评定都会更新系统的不确定度，得到新的先验函数，这就实现了满足测量系统的动态性能。本章在评定锂离子电池热失控产生的气体危险性时，选取共轭先验分布的评定方法作为主要方法。

使用贝叶斯定理评定锂离子电池热失控产生气体安全性的主要方法是基于算术平均值和标准差的计算。根据《测量不确定度表示指南》(ISO/IEC Guide 98-3：2008，IDT)，通过对测量数据的算术平均值进行建模，用其后验分布密度函数的期望表示测量结果最佳估计值[12]，测量结果的标准差就表征测量结果的不确定度。

2. 基于共轭先验的贝叶斯不确定度评定过程及分析

为了实现锂离子电池热失控产生的气体安全性的动态评定，本章选取了基于贝叶斯定理的共轭先验不确定度评定方法，该评定方法是基于先验数据和后验数据的综合评定方法：首先，根据锂离子电池热失控产生的气体的浓度变化数据，得到该组数据的先验分布；其次，基于锂离子电池热失控产生的气体的实时浓度数据得到其后验分布；最后，使用共轭先验的方法，实现该不确定度数据的动态评定。该评定方法的数学理论基础如下。

1) 共轭先验分布

由于锂离子电池热失控产生气体的浓度变化数据 $(X_{01}, X_{02}, X_{03}, \cdots, X_{0n_0})$ 服从正态分布 $N(\mu, \sigma^2)$，根据数理统计知识可得

$$\overline{X}_0 = \frac{1}{n} \sum_{i=1}^{n_0} X_{0i}, \ \overline{X}_0 \sim N\left(\mu, \frac{\sigma^2}{n_0}\right) \tag{4-29}$$

$$S_0 = \sum_{i=1}^{n_0} (X_{0i} - \overline{X}_0)^2, \ \frac{S_0}{\sigma^2} \sim \chi^2_{n_0} \tag{4-30}$$

式中，$\overline{X}_0$ 和 S_0 相互独立。

μ 和 σ^2 的共轭先验分布可以用如下式子表示：

$$\mu \sim N\left(\overline{X}_0, \frac{\sigma^2}{n_0}\right) \tag{4-31}$$

$$\sigma^2 \sim \Gamma^{-1}\left(\frac{n_0 - 1}{2}, \frac{S_0}{2}\right) \tag{4-32}$$

根据统计原理，(μ, σ^2) 的联合先验分布密度函数为

$$\pi(\mu, \sigma^2) = \pi(\mu)\pi(\sigma^2) = \frac{\sqrt{n_0 \cdot S_0^{n_0-1}}}{\sqrt{2^{n_0} \cdot \pi}\Gamma\left(\frac{n_0-1}{2}\right)} \cdot \left(\frac{1}{\sigma^2}\right)^{\frac{n_0}{2}+1} \cdot \exp\left[-\frac{S_0 + n_0(\mu - \overline{X}_0)^2}{2\sigma^2}\right]$$

$$\tag{4-33}$$

2) 共轭先验下的后验分布及其不确定度

锂离子电池热失控产生气体的实时浓度数据 $(X_{11}, X_{12}, X_{13}, \cdots, X_{1n_1})$ 是从正态分布的总体 $N(\theta, \sigma^2)$ 中抽取的样本，其中 θ 和 σ^2 均未知，θ 和 σ^2 的联合共轭先验密度函数可参照式(4-34)给出。

取 $\overline{X}_1 = \frac{1}{n_1} \sum_{j=1}^{n_1} X_{1j}$，$S_1 = \sum_{j=1}^{n_1} (X_{1j} - \overline{X}_1)^2$ 为 θ 和 σ^2 的充分统计量，样本似然函数为

$$l(\theta, \sigma^2 \mid X) = \left(\frac{1}{2\pi\sigma^2}\right)^{\frac{n_1}{2}} \exp\left[-\frac{S_1 + n_1(\theta - \overline{X}_1)^2}{2\sigma^2}\right]$$

$$\propto \left(\frac{1}{\sigma^2}\right)^{\frac{n_1}{2}} \exp\left[-\frac{S_1 + n_1(\theta - \overline{X}_1)^2}{2\sigma^2}\right] \tag{4-34}$$

根据贝叶斯公式获得 (θ, σ^2) 的联合后验分布密度函数为

$$\pi(\theta, \sigma^2 \mid X) \propto \left(\frac{\sigma^2}{m}\right)^{-\frac{1}{2}} \exp\left[-\frac{m(\theta - \overline{X})^2}{2\sigma^2}\right]\left(\frac{1}{\sigma^2}\right)^{\frac{m+1}{2}} \exp\left[-\frac{S}{2\sigma^2}\right] \tag{4-35}$$

式中

$$m = n_0 + n_1 \tag{4-36}$$

$$\overline{X} = \frac{n_0 \overline{X}_0 + n_1 \overline{X}_1}{n_0 + n_1} \qquad (4\text{-}37)$$

$$S = \frac{n_0 n_1}{n_0 + n_1} (\overline{X}_0 - \overline{X}_1)^2 + S_0 + S_1 \qquad (4\text{-}38)$$

即 (θ, σ^2) 的后验分布服从以下公式：

$$\pi(\sigma^2 \,|\, X) \sim \Gamma^{-1}\left(\frac{m-1}{2}, \frac{S}{2}\right)$$
$$\pi(\theta \,|\, \sigma^2, X) \sim N\left(\overline{X}, \frac{\sigma^2}{m}\right) \qquad (4\text{-}39)$$

根据《测量不确定度表示指南》和式 (4-29) 可得，当 θ 和 σ^2 均未知时，基于共轭先验分布下的后验分布最佳估计值及其标准不确定度为

$$\hat{\theta} = \frac{n_0 \overline{X}_0 + n_1 \overline{X}_1}{n_0 + n_1}$$
$$u = \sqrt{\frac{S}{m-3}} \qquad (4\text{-}40)$$

3）基于共轭先验的贝叶斯不确定度分量的动态评定

根据《测量不确定度表示指南》，在动态不确定度的评定过程中，主要有两种方法：一种是 A 类不确定度的评定方法，根据统计分析原理，结合实验实际测量数据计算得到实验数据测标准偏差；另一种是 B 类不确定度的评定方法，通过查询相关标准以及仪器说明书，根据经验和其他信息对系统的不确定度进行评定。

在一次动态测量中，由于测量的仪器工作状态和实际的测量数据可能随着时间的改变而变化，对其进行不确定度评定时，使用单一的不确定度分量不能直观地反映测量的全部过程，在细化不确定度的分量时，可能存在其评定结果不能与测量数据实时更新的动态响应结果相匹配的情况。为了实现动态不确定度的评定，本章引入了基于共轭先验的贝叶斯不确定度评定过程，通过不确定度的实时更新，将实时变化的浓度测量结果与前期的标准测量结果进行共轭先验的信息融合，实现对重复性不确定度分量的更新[13]。锂离子电池热失控产生的气体浓度数据的分布一般服从正态分布，通过正态分布的标准差的计算可以确定其不确定度。在动态浓度测量数据的融合过程中测量环境基本保持一致，该组数据的先验分布和后验分布的形式也较为统一，因此可利用共轭贝叶斯方法对重复性不确定度分量进行连续更新。

设锂离子电池热失控产生气体浓度数据为 $X = (x_1, x_2, x_3, \cdots, x_n)$，$X \sim N(\theta, \sigma^2)$，由贝塞尔公式计算得到单次结果的重复性标准不确定度分量：

$$u = \sqrt{\frac{\sum\limits_{i=1}^{n} (x_i - \overline{x})^2}{n(n-1)}} \qquad (4\text{-}41)$$

选取常规状态下锂离子电池热失控产生气体浓度数据的测量结果为先验数据,在该组数据中浓度的测量次数为 n_0,测量结果为 $X=(x_{01},x_{02},x_{03},\cdots,x_{0n_0})$,根据共轭贝叶斯不确定度评定方法可知,$\sigma^2$ 的共轭先验分布为

$$\pi(\sigma^2)=\frac{\sqrt{S_0^{n_0-1}}}{\sqrt{2^{n_0-1}}\,\Gamma\!\left(\frac{n_0-1}{2}\right)}\left(\frac{1}{\sigma^2}\right)^{\frac{n_0+1}{2}}\exp\!\left(-\frac{S_0}{2\sigma^2}\right)$$

$$\propto\left(\frac{1}{\sigma^2}\right)^{\frac{n_0+1}{2}}\exp\!\left(-\frac{S_0}{2\sigma^2}\right) \tag{4-42}$$

因此,常规状态下锂离子电池热失控产生的气体浓度数据的不确定度分量为

$$u_0=\sqrt{\frac{S_0}{n_0-1}} \tag{4-43}$$

假设锂离子电池热失控产生的气体浓度的实时数据为后验数据,该组数据为实时浓度的测量结果,其测量次数为 n_1,测量结果为 $X=(x_{11},x_{12},x_{13},\cdots,x_{1n_1})$,利用最新的浓度测量数据,对 σ^2 进行更新,其似然函数为

$$l(\sigma^2\mid x)\propto\left(\frac{1}{\sigma^2}\right)^{\frac{n_1}{2}}\exp\!\left(-\frac{S_1}{2\sigma^2}\right) \tag{4-44}$$

根据贝叶斯公式计算出 σ^2 后验概率密度函数及其分布:

$$\pi(\sigma^2\mid x)\propto\pi(\sigma^2)l(\sigma^2\mid x)\propto(\sigma^2)^{-\frac{n_0+n_1-1}{2}-1}\exp\!\left(-\frac{S_0+S_1}{2\sigma^2}\right) \tag{4-45}$$

$$\pi(\sigma^2\mid x)\sim\Gamma^{-1}\!\left(\frac{n_0+n_1-1}{2},\frac{S_0+S_1}{2\sigma^2}\right) \tag{4-46}$$

因此,更新后的重复性不确定度分量为

$$u_1=\sqrt{\frac{S_0+S_1}{n_0+n_1-3}} \tag{4-47}$$

整理得出重复性不确定度分量更新的通式如(4-48)所示,反复迭代该式,即可实现不确定的实时动态更新。

$$u_1=\sqrt{\frac{(n_0-1)u_0^2+\sum_{j=1}^{n_1}(x_{1j}-\overline{x}_1)^2}{n_0+n_1-3}} \tag{4-48}$$

4) 实例分析

选定实验条件为氩气环境,进气速率 1.5L/min,加热功率 400W,充放电状态 100% SOC 的测量过程中 CO 的浓度-时间曲线。设定先验信息的评定区间为 10s 之内的样本,以保证评定信息的实时性,根据介绍的评定方法,可以获得先验信息在锂离子电池热失控阶段的数据的算术平均值、标准差,以及与此相关的安全性不确定度:

$$\mu_0 = \bar{x}_1 = \frac{1}{10}\sum_{j=1}^{10} x_{1j} = 29.02021 \tag{4-49}$$

$$S_0 = \sum_{j=1}^{10} (x_{1j} - \bar{x}_1)^2 = 0.00127 \tag{4-50}$$

$$u_0 = \sigma_0 = \sqrt{\frac{\sum\limits_{j=1}^{10} (x_{1j} - \bar{x}_1)^2}{(10-1)\times 10}} = 0.0352 \tag{4-51}$$

同样以锂离子电池热失控阶段的不同时刻另一组数据作为样本数据得到:

$$S_1 = \sum_{j=1}^{10} (x_{2j} - \bar{x}_2)^2 = 0.00329 \tag{4-52}$$

根据式(4-48)求得融合先验数据和样本数据的气体浓度安全性标准不确定度为

$$u_1 = 0.0173 \tag{4-53}$$

将新计算出来的气体浓度安全性标准不确定度作为更新的先验信息,对后续的气体浓度进行预测,评定其安全性的不确定度,通过预测时刻的浓度信息,可以得到对应的锂离子电池热失控释放气体安全性的不确定度。选取第三组数据,进行预测可得

$$S_2 = \sum_{j=1}^{10} (x_{3j} - \bar{x}_3)^2 = 0.00331 \tag{4-54}$$

求得融合前3组数据的标准不确定度为

$$u_2 = 0.0198 \tag{4-55}$$

将此次求得的后验分布作为新一次评定的先验信息,重复上述信息融合过程,获得共轭先验贝叶斯不确定度评定与更新的仿真结果,见表4.13。

表 4.13 CO 的共轭先验贝叶斯不确定度评定与更新的仿真结果表

先验信息	泄气阀开启阶段 CO 浓度的合成不确定度	热失控初始阶段 CO 浓度的合成不确定度
μ_1	1.3951×10^{-5}	0.0953
μ_2	1.4423×10^{-5}	0.0987
μ_3	1.4863×10^{-5}	0.1020
μ_4	1.5300×10^{-5}	0.1051
μ_5	1.5737×10^{-5}	0.1081
μ_6	1.6176×10^{-5}	0.1110
μ_7	1.6610×10^{-5}	0.1138
μ_8	1.6983×10^{-5}	0.1163

续表

先验信息	泄气阀开启阶段 CO 浓度的合成不确定度	热失控初始阶段 CO 浓度的合成不确定度
μ_9	1.7374×10^{-5}	0.1188
μ_{10}	1.7744×10^{-5}	0.1211
μ_{11}	1.8086×10^{-5}	0.1232

根据计算结果,可以发现锂离子电池热失控初始阶段 CO 浓度的合成不确定度远远大于泄气阀开启时的数据,通过此方法可以找到 CO 浓度的不确定度值,超过则可认定其存在热失控的可能。根据判断 CO 浓度不确定度的变化实现对锂离子电池危险性的预测,测量的合成不确定度越高,说明测量结果的统计分布的分散性越高,该组数据的可靠性就越低,锂离子电池就越容易发生危险和事故。

同理,将共轭先验贝叶斯不确定度评定与更新的方法应用于 CO_2 的浓度测量过程中,可以得到 CO_2 浓度测量的不确定度分量,通过合成标准不确定度,判断锂离子电池失控过程的危险性。由于 CO_2 的浓度相对于 CO 来说较高,其浓度在泄气阀开启阶段的合成不确定度也偏高,根据不确定度的 B 类评定标准,选取 CO_2 浓度的不确定度阈值,根据 CO_2 的浓度阈值,预测和区分锂离子电池反应的不同阶段,结合不确定度数据来判断锂离子电池热失控的危险性,如表 4.14 所示。

表 4.14　CO_2 的共轭先验贝叶斯不确定度评定与更新的仿真结果表

先验信息	泄气阀开启阶段 CO_2 浓度的合成不确定度	热失控初始阶段 CO_2 浓度的合成不确定度
μ_1	0.001317	0.9774
μ_2	0.001673	0.9832
μ_3	0.002143	0.9832
μ_4	0.002342	1.1718
μ_5	0.002527	1.2534
μ_6	0.002669	1.3330
μ_7	0.002712	1.4127
μ_8	0.002765	1.4459
μ_9	0.002803	1.4876
μ_{10}	0.002956	1.5052
μ_{11}	0.003074	1.5087

4.3.4 产气燃烧爆炸危险性研究

1. 燃烧爆炸危险性分析

在现代工业的发展中,锂离子电池以其低成本、高能量密度、可循环充电等优点满足了多种新兴领域的需求,在新型机器人技术、电动汽车生产和电源储能中都有大量锂离子电池的应用。常规的以 $LiCoO_2$ 为正极材料的锂离子电池上限截止电压约 4.2V,如果添加含 Ni 和 Mn 的层状氧化物,使用高压聚阴离子化合物(磷酸盐和硫酸盐)作为正极可以使锂离子电池的上限截止电压提高到 5.2V。

由于锂离子电池的能量密度高(图 4.25),其电极和电解液活性比较高,在结合处会引发侵蚀性的电化学降解,这些会造成锂离子电池使用寿命缩短。锂离子电池中大多数已知的非水电解液的电化学稳定性比较低,在高温度和高电压的操作状态下锂离子电池比其他电池更容易发生失控。一旦发生失控,锂离子电池中的电解液与空气接触会产生大量有毒有害易燃易爆气体。在化学工业安全评估中,火灾、爆炸和有毒物质的排放是三大主要风险。在锂离子电池的生产和储存中,火灾和爆炸是最重要的威胁。在受限空间内,锂离子电池热失控产气的燃烧爆炸危险性研究是提高工业设计阶段或活动中安全水平的最紧迫步骤之一。释放后的流体行为及其排放到环境中的后果预测估计,以及火灾的最大安全半径、爆炸极限等研究,在紧急事故的处理中发挥至关重要的作用。

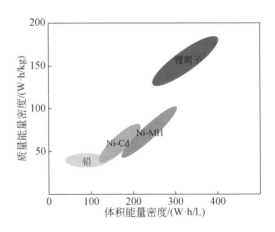

图 4.25 锂离子电池能量密度比例图[14]

锂离子电池热失控产生的可燃气体释放到空气中,可能会发生爆炸。在这种情况下,可燃气体的浓度是决定燃烧和爆炸的剧烈程度的主要因素。锂离子电池热失控产生的可燃气体浓度较低时,没有足够的可燃物来引发爆炸;当浓度较高时,没有足够的氧气来维持燃烧。只有可燃气体的浓度处于爆炸极限内,可燃气体与空气的混合物才会发生引爆。可燃气体浓度的爆炸极限可以使用实验的方法确定其上限和下限范围,这两个浓度分别称为爆炸下限(lower explosive limit,LEL)和爆炸上限(upper explosive limit,UEL)[15]。爆炸极限的浓度值随温度和压力的变化而变化,通常以室温 25℃ 和 1atm(1atm=1.01325×10⁵Pa)下的可燃气体与空气混合的体积分数表示。爆炸极限的详细确定可以参考美国矿业局开发的设备。爆炸极限的定义是根据美国消防协会(National Fire Protection Association,NFPA)中定义的爆燃或爆炸引起的内部压力的变化确定的。

根据可燃气体与空气混合的燃烧程度的不同,燃烧分为爆燃和爆炸。当燃烧在未反应介质中的传播速度低于声速时,称为爆燃;当燃烧在未反应介质中的传播速度高于声速时,称为爆炸。在锂离子电池热失控的反应过程中,由于其电解液的稳定性比较低,内部各种化合物的活性相对较高,锂离子电池失控之后,会产生大量的热量,释放气体后与空气接触剧烈反应,极易发生爆炸。在实际情况中,即便在受限的空间内,锂离子电池的热失控产生的气体量与空气的比例仍然偏低,锂离子电池热失控产生的可燃气体的爆炸极限研究主要集中在爆炸下限的确定上。根据爆炸下限的数据,可以评估当前锂离子电池的使用和储存的安全性,并对可能发生的热失控事故进行预警和评估,尽量减少锂离子电池热失控气体爆炸事故的损失,提高锂离子电池的安全水平。

根据本章对产气成分的分析,得到锂离子电池热失控产生气体的具体物质组成,对其具有的燃烧爆炸危险特性进行分析,列出详细的危险特性参数表,如表4.15所示。

表 4. 15　锂离子电池热失控产气危险特性参数表

物质	爆炸下限/%	爆炸上限/%	闪点/℃	最小点燃能量/mJ	自燃温度/℃
CO	12	74	−191,可燃气体	—	609
H_2	4	75	可燃气体	0.016	571
CH_4	5	16	可燃气体	0.21	580
C_2H_6	3	16	135	—	515
C_2H_4	2.7	36	−18	0.017	305
C_3H_8	2.1	9.5	可燃气体	0.25	480
C_3H_6	1	15	−108	0.28	458
C_4H_{10}	1.5	8.5	−60	0.25	420~500
$CH_2=C=CH_2$	1.7	12	30	—	—

物质	爆炸下限/%	爆炸上限/%	闪点/℃	最小点燃能量/mJ	自燃温度/℃
C_2H_2	2.1	80	−17.78	—	305
$CH_3CH=CHCH_3$	1.6	10	−30	—	324
$CH_2=CHCH_2CH_3$	1.6	10	−80	—	—
$(CH_3)_2C=CH_2$	1.8	8.8	−77	—	465
C_5H_{12}	1.7	9.75	—	0.28	—
C_4H_6	1.4	16.3	—	—	415
$CH_3CH=CHCH_2CH_3$	1.4	8.7	—	—	—
$CH_3C(CH_3)=CHCH_3$	1.4	8.7	—	—	—
$CH_3C\equiv CH$	1.7	11.7	−30	0.152	340
$H_2C=CHCH_2CH_2CH_3$	1.4	8.7	−18	—	—
C_6H_6	1.2	8	−11	0.2	560
C_7H_8	1.2	7	4.4	0.24	480
$C_3H_{10}OSi$	—	—	4	—	—
$C_8H_{20}OSi$	—	—	—	—	—
$C_7H_{14}O_2$	2	11.5	75	—	—
$C_6H_{18}O_3Si_3$	0.5	21.8	33	—	—
C_9H_{18}	0.8	—	—	—	—

锂离子电池在空气环境和惰性气体环境的热失控燃烧爆炸现象存在明显的不同,通过高速摄影仪拍摄两种环境热失控的整体过程进行对比分析,具体如图4.26所示。锂离子电池在氩气环境下热失控过程非常短暂,且热失控之前并没有产生大量的烟气,反应过程没有在空气环境下剧烈。在实际预防控制锂离子电池热失控时,采用惰性气体环境作为保护环境具有一定的安全性。

(a)空气环境下燃烧爆炸过程

(b)氩气环境下燃烧爆炸过程

图 4.26　不同气氛环境锂离子电池热失控过程

2. 燃烧爆炸危险性理论计算

锂离子电池热失控产生大量可燃气体,该气体的爆炸下限可根据在给定的温度和气压下,通过点火源可以产生火焰的最低可燃气体浓度比确定。在低于爆炸下限的浓度下,可燃气体与空气的混合气体浓度太低,即使存在点火源也不会发生爆炸,例如 CH_4 在常规状态下的爆炸下限为 5.0%,如果混合气体中 CH_4 含量低于 5.0%,即使存在点火源和足够的能量,也不会发生爆炸。爆炸危险的控制通常通过充分的自燃或机械通风来实现,通过空气流动将易燃气体或蒸气的浓度限制在爆炸下限或易燃下限的 25% 以下。

爆炸下限通常以体积分数表示,是在给定温度和压力下,可燃气体或蒸气在空气中发生爆炸的浓度范围的下限。除非温度升高或者气压增大,否则低于爆炸下限浓度的气体混合物不会被点燃。爆炸下限随着温度的升高而降低,温度越高,气体分子运动越剧烈,反应速率越高,气体爆炸所需要的可燃气体浓度也就相应地降低。同理,随着气体压力的提高,气体的分子间距变小,可燃气体分子与氧气分子更容易发生反应,其爆炸下限也会降低。

影响爆炸下限的因素除了温度和压力之外,在实际操作中点火源的能量大小、点火方式及持续时间也会影响爆炸极限的测量,这种现象在液态或者蒸气的情况下最为明显。在这种情况下,测得的爆炸极限实际为点火源处的饱和蒸气浓度,为了确保数据的准确,需要尽可能增大其接触面积,以确定爆炸下限的测量结果的准确性。此外,检测仪器的气体容器的材质、大小和形状也会对爆炸下限的测量产生影响。

不同可燃气体的分子结构和化学性质不同,其爆炸下限也不一致。对于单一浓度的化学气体,其爆炸下限可以通过查表的方式得到,根据不同的可燃气体的种类和性质,查询到其特定的爆炸下限。

复杂组成的可燃性气体混合物的爆炸下限的理论预测可以根据 Le Chatelier 方程[15]确定,当混合气体的气体成分已经确定后,理论上其爆炸下限也确定了,不同的气体成分混合气体的爆炸下限 LEL_{mix} 可以表示为

$$LEL_{mix} = \frac{1}{\displaystyle\sum_{i=1}^{n} \frac{x_i}{LEL_i}} \qquad (4\text{-}56)$$

式中，LEL_{mix} 为混合气体爆炸下限；LEL_i 为混合气中某一组分爆炸上限或下限；x_i 为某一可燃组分的摩尔分数或体积分数；n 为可燃组分数量。

当可燃性混合气体混合物中含有惰性气体时可用下列经验公式计算：

$$LEL'_{mix} = LEL_{mix} \times \frac{1 + \dfrac{B}{1-B}}{100 + LEL_{mix} \times \dfrac{B}{1-B}} \times 100\% \qquad (4\text{-}57)$$

式中，LEL'_{mix} 为含有惰性气体的可燃混合气体的爆炸下限；LEL_{mix} 为混合可燃部分的爆炸下限；B 为惰性气体体积分数。

这里需要注意的是，不能简单将可燃气体检测仪中的读数百分比与爆炸下限混淆。在不同的测试仪器中，根据特定气体设计和校准的爆炸气体检测器可能输出的是爆炸下限的百分比，而不是爆炸下限的数值，即仪器自己定义爆炸下限为100%。例如，根据前文已知 CH_4 在常规状态下的爆炸下限为 5.0%，在 Oldham EX2000 爆炸性气体浓度测验仪中，1% 的 CH_4 爆炸下限读数相当于 1atm、温度 20℃时 CH_4 爆炸下限 5.0% 乘以 1%，此时 CH_4 的真实体积分数为 0.05%。

根据锂离子电池热失控产气的成分及含量分析结果，可以得到 100% SOC 下产生的可燃气体的主要成分和含量，如表 4.16 所示。

表 4.16　100% SOC 下锂离子电池热失控产生气体的成分和含量

物质成分	质量分数/%	物质成分	质量分数/%
CO_2	29.8571	C_5H_{12}	0.096
N_2	33.1320	C_4H_6	0.1623
CO	7.2646	$CH_3C{\equiv}CH$	0.0238
H_2	15.2542	$CH_3CH{=}CHCH_2CH_3$	0.0060
CH_4	5.7084	$CH_3C(CH_3){=}CHCH_3$	0.0252
C_2H_6	0.5403	$H_2C{=}CHCH_2CH_2CH_3$	0.0122
C_2H_4	4.3276	C_6H_6	0.7838
C_3H_8	0.0564	C_7H_8	0.1315
C_3H_6	0.8950	$C_3H_{10}OSi$	0.0631
C_4H_{10}	0.0087	$C_8H_{20}OSi$	0.1127
$CH_2{=}C{=}CH_2$	0.0204	$C_7H_{14}O_2$	0.4184
C_2H_2	0.08465	$C_6H_{18}O_3Si_3$	0.3731

续表

物质成分	质量分数/%	物质成分	质量分数/%
$CH_3CH{=}CHCH_3$	0.0118	C_9H_{18}	0.0478
$CH_2{=}CHCH_2CH_3$	0.0846	C_{6+}	0.1751
$(CH_3)_2C{=}CH_2$	0.0790		

注:①在进行混合气体理论爆炸极限预测计算时,C_{6+} 的爆炸极限值取正己烷的爆炸极限值;②无爆炸极限资料的物质不纳入计算范围。

在表 4.16 中,混合气体中可燃气体主要为 H_2、CO、CH_4、C_2H_4 和其他微量有机气体,而 N_2 和 CO_2 主要作为阻燃气体,混合气体的阻燃气体含量越高,其阻燃效果越明显,计算所得的爆炸下限也会相应变小。

根据 Le Chatelier 方程:

$$LEL_{mix} = \frac{1}{\dfrac{x_{H_2}}{LEL_{H_2}} + \dfrac{x_{CO}}{LEL_{CO}} + \dfrac{x_{CH_4}}{LEL_{CH_4}} + \dfrac{x_{C_2H_4}}{LEL_{C_2H_4}} + \dfrac{x_{其他}}{LEL_{其他}} + \cdots} = 3.48\%$$

(4-58)

根据经验公式:

$$LEL'_{mix} = LEL_{mix} \times \frac{1 + \dfrac{0.621}{1-0.621}}{100 + LEL_{mix} \times \dfrac{0.621}{1-0.621}} \times 100\% = 8.68\%$$ (4-59)

根据气体检测结果,结合表 4.16 中的详细数据,由式(4-56)和式(4-57)可得在 100% SOC 充放电状态下产生的混合气体的爆炸下限,其具体数值为 8.68%。

同理,根据 Le Chatelier 方程和经验公式,不同的气体成分混合气体的爆炸上限可以表示为 UEL'_{mix},代入数据可得在 100% SOC 下产生的混合气体的爆炸上限,其具体数值为 51.56%。

3. 测量结果对比及规律分析

根据实验计算,采用逼近法得到最接近爆炸下限的数据,结合公式可得,100% SOC 下产生的混合气体的爆炸下限为 8.50%。

上述的理论预测计算结果为 8.68%,误差为 2.1% < 5%,在误差允许范围内。误差产生的原因可能是锂离子电池热失控后发生的化学反应多而复杂,产生的物质也很多样,有些物质并没有可靠的爆炸极限数值资料,因而无法纳入混合可燃气体组分爆炸极限的理论预测计算中。

结合锂离子电池的热失控产气的特殊性,本节主要从不同荷电状态、不同环境温度及不同加热功率三个影响因素的情况,分析锂离子电池产生气体的爆炸下限。

如图 4.27 所示,随着锂离子电池荷电状态的增加,锂离子电池热失控产生气体的爆炸下限呈现先升高后下降的趋势。爆炸下限在荷电状态较低的情况下呈增加趋势,其主要原因是在低电量的情况下,热失控反应不剧烈,锂离子电池的电解液和空气可以充分接触,燃烧产生大量 CO_2,CO_2 作为一种不可燃气体,其含量的升高会导致爆炸极限范围的变窄(下限升高,上限下降)。而在高荷电状态的情况下,锂离子电池热失控反应极其剧烈,空气与电池内部来不及充分接触就发生不完全燃烧反应,燃烧产生 CO,CO 为可燃气体,可燃气体含量的升高会导致爆炸极限的降低。由图 4.27 可见,如果锂离子电池长期不用,在储存时应充入 $40\%\sim60\%$ 的电量,并放置在干燥的环境中,在这种情况下,既可以保护电池,不会因电池自放电导致不可逆的容量损失,又可以降低锂离子电池热失控反应产生的气体发生爆炸的概率。最好不要将电池以 100% SOC 保存,因为其爆炸下限最低,在发生热失控的情况下发生危险的可能性最大,并且荷电状态太高还会造成锂离子电池的容量损失。

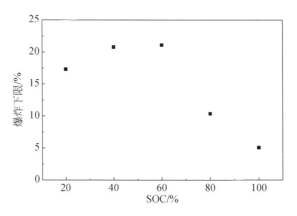

图 4.27 不同荷电状态下可燃气体爆炸下限实验值

图 4.28 表示不同环境温度下,锂离子电池热失控产生气体爆炸下限的变化情况。随着锂离子电池环境温度的升高,锂离子电池热失控产生气体的爆炸下限呈现逐渐下降的趋势。失控温度越高,反应越剧烈,产生的可燃气体的比例越高。由于锂离子电池的热稳定性差,在电池的使用中需要实时监控其温度,避免温度过高发生热失控,一旦温度超过 120℃,电池内部会发生不可逆的化学反应,高温条件下锂离子电池发生热失控并发生爆炸的概率大大增加。

图 4.29 展示了不同加热功率下锂离子电池热失控产生气体爆炸下限的变化情况。随着加热功率的提高,气体的爆炸下限呈现明显下降的趋势。加热功率越高,越容易发生爆炸。在以加热功率为变量的实验中,锂离子电池加热功率的变化模拟的是锂离子电池的不同升温速率,锂离子电池升温速率越高,其产生气体的爆

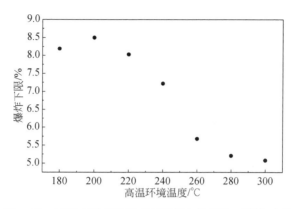

图 4.28　不同高温环境温度下可燃气体爆炸下限实验值

炸下限越低,越容易发生爆炸。可见,在锂离子电池的温度控制中,不仅需要监测电池的绝对温度,还要监测温度变化的一阶导数,通过温度的一阶导数可以间接反映出锂离子电池的升温速率,提前发现升温速率较高的电池,以达到降低锂离子电池发生爆炸的可能性。

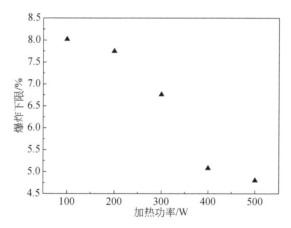

图 4.29　不同加热功率下可燃气体爆炸下限实验值

4.4　产气冲击压力变化及危险性

锂离子电池在热失控过程中会因电解液沸腾或内部反应而生成大量气体,这些气体在短时间内喷射出来,会迅速提高周围环境的气压,形成冲击压力。压力的释放,可能会对周围的设备产生冲击作用,如果靠近人员则会造成人身伤害。

为探究锂离子电池在热失控过程中可能产生的冲击压力危害,本节主要针对冲击压力的变化规律进行了研究,分析了其相关特征、形成机理、监测响应特性,并及计算分析了其可能产生的危险性。

4.4.1　冲击压力特性

1. 过程冲击压力和温度变化特征

图 4.30 描述了在不同条件下锂离子电池热失控的温度/压力曲线。加热后,

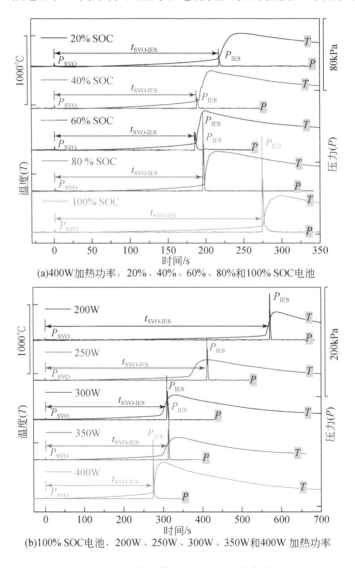

(a)400W 加热功率,20%、40%、60%、80%和100% SOC 电池

(b)100% SOC 电池,200W、250W、300W、350W和400W 加热功率

图 4.30　热失控温度/压力变化曲线

电池的温度逐渐升高。当温度持续升高时,安全阀破裂,此时可以检测到轻微的瞬时超压,这一时刻被定义为第 1 秒。表 4.17 总结了安全阀开启(safety valve open,SVO)时的压力值和持续时间。此后电池不断产生烟雾,直到进入剧烈失控阶段,才检测到压力变化。此时从电池顶部喷射出强烈的火焰及火花,并伴随大量气体放出。剧烈喷射阶段(intense ejection stage,IES)产生了更高的超压值,持续时间更长。

表 4.17　热失控冲击压力-温度变化过程相关结果汇总表

实验组	实验序号	SOC/%	加热功率/W	P_{SVO}/kPa	t_{SVO}/s	P_{IES}/kPa	t_{IES}/s	$t_{SVO\text{-}IES}$/s	T_M/℃
A	1	20	400	3.8	0.8	10.8	5.1	216.4	647.6
	2	40	400	4.3	1.4	11.9	4.5	186.9	725.2
	3	60	400	4.1	1.1	19.2	6.5	184.4	748.9
	4	80	400	3.3	0.9	86.5	3.8	194.6	747.8
	5	100	400	2.8	1.0	107.2	11.2	272.9	676.5
B	6	100	200	3.4	0.8	84.6	5.0	568.8	566.2
	7	100	250	3.3	5.6	75.3	5.6	409.7	456.6
	8	100	300	3.7	1.2	80.8	5.4	307.5	516.7
	9	100	350	3.4	1.0	103.9	4.6	311.6	491.2
	10(5)	100	400	2.8	1.0	107.2	11.2	272.9	676.5

表 4.17 中列出了安全阀开启和剧烈喷射阶段的压力值、持续时间,以及安全阀开启和剧烈喷射阶段之间的时间间隔。

如图 4.30 和表 4.17 所示,两组测试中,安全阀开启阶段检测到一个轻微的超压(P_{SVO}),其最大值在 2.8～4.3kPa 范围内,其值独立于 SOC 或外部加热功率。安全阀开启阶段的超压持续时间(t_{SVO})在 0.8～1.4s 范围内,并显示出与压力值相似的独立结果。当温度继续升高并引发剧烈的热失控时,电池进入剧烈喷射阶段,同时产生了严重的超压。剧烈喷射阶段的最大冲击压力(P_{IES})随着电池 SOC 的增加而升高[图 4.30(a)],随着外部加热功率的增加先下降后升高[图 4.30(b)]。实验中还进行了 400W 加热功率加热 0% SOC 电池,以及 100W 加热功率加热 100% SOC 电池的测试,但两者均仅监测到安全阀开启的轻微压力,没有发生热失控产生强烈的冲击压力。如图 4.30(a)所示,在较低的电池 SOC 时,最大冲击压力相对较低。当电池 SOC 分别为 20%、40% 和 60% 时,热失控喷射产生的最大冲击压力分别为 10.8kPa、11.9kPa 和 19.2kPa。但是,当电池 SOC 分别为 80% 和 100% 等高 SOC 时,发生热失控时的最大冲击压力飙升至 86.5kPa 和 107.2kPa。

在图 4.30(b)中,在 400W、350W、300W 和 250W 加热功率下,电池的最大冲击压力分别为 107.2kPa、103.9kPa、80.8kPa 和 75.3kPa。但是,当电池的外部加热功率为 200W 时,增加到 84.6kPa。尽管外部加热功率降低了(从 400W 降低到 200W),其减缓了电池产生剧烈的热失控的能力,但延长的加热时间却使电池蓄积了更多的热量。在低电池 SOC(20%~80%)和低电池加热功率(200~350W)下,剧烈喷射阶段(t_{IES})的过压持续时间分别为 3.8~6.5s 和 4.6~5.6s。但是,当 100% SOC 电池在 400W 的加热功率下发生热失控时,过压持续时间上升到 11.2s。安全阀开启和剧烈喷射阶段之间的时间间隔($t_{SVO-IES}$)随着电池 SOC 的增加先减小后增大[图 4.30(a)],随着外部加热功率的增加而总体上呈减小趋势[图 4.30(b)]。$t_{SVO-IES}$ 的大小是由安全阀开启时间和热失控剧烈喷射阶段触发时间共同决定的。随着 SOC 的增加,锂离子电池负极嵌锂的程度越大,发生滥用行为时,反应越剧烈。图 4.30(a)中,在外部加热功率一定的情况下,随着 SOC 的增加,20%、40%、60%、80% 和 100% SOC 电池安全阀开启的温度分别为 195.0℃、188.0℃、187.4℃、173.3℃ 和 152.1℃。可以看出,在 SOC 较低的阶段,电池安全阀开启的温度差别不大,在外部加热功率一定的情况下,安全阀开启后,SOC 越高的电池,发生热失控剧烈喷射的时间越短。但当 SOC 在较高阶段时,安全阀开启的温度急剧降低,SOC 对内部反应的作用在安全阀开启之前就已明显显现,使得安全阀开启时间提前很多。虽然随着 SOC 增加,热失控剧烈喷射阶段发生时的温度呈下降趋势,但安全阀开启时间过早,使得内部积聚热量的时间需要相对较长。因此 $t_{SVO-IES}$ 随着电池 SOC 的增加会呈现先减小后增大的趋势。

2. 剧烈喷射阶段危险性

在剧烈喷射阶段期间,超压值更大,持续时间更长。超压是由锂离子电池剧烈热失控的气体释放和喷射火焰引起的。剧烈喷射阶段中的冲击压力和压力变化率与温度的关系曲线如图 4.31 所示。如图 4.31(a)所示,电池 SOC 分别为 20%、40%、60%、80% 和 100% 时,热失控的初始压力上升温度(T_{IPR})分别达到 318.3℃、285.2℃、273.4℃、262.3℃ 和 241.6℃,最大压力温度(T_{MP})分别为 328.1℃、286.6℃、276.0℃、263.5℃ 和 241.8℃。初始压力上升温度和最大压力温度随着电池 SOC 的增加而下降。较高的电池 SOC 导致初始压力上升,并且在相对较低的温度下更容易达到最大压力。如图 4.31(b)所示,当外部加热功率为 200W、250W、300W、350W 和 400W 时,电池的初始压力上升温度(T_{IPR})分别为 440.8℃、425.5℃、419.3℃、407.0℃ 和 241.6℃,最大压力温度(T_{MP})分别为 454.6℃、428.7℃、430.5℃、416.0℃ 和 241.8℃。初始压力上升温度随着加热功率的增加而下降。除了在 250W 和 300W 加热功率下的最大温度值较为相似(分别为

428.7℃和430.5℃)之外,最高压力温度总体随加热功率的增加而下降。图 4.31
(c)和(d)描绘了在不同的电池 SOC 和外部加热功率下,电池热失控剧烈喷射阶段
中冲击压力的压力变化率(dP/dt)的变化情况。从曲线可以看出,超压的释放是一
个剧烈的振荡过程,特别是对于高 SOC 的电池。热失控并没有立即喷射出全部的
火焰和气体。在图 4.31(c)中,当电池 SOC 分别为 20%、40% 和 60% SOC 时,热
失控最大升压速率为分别为 42.6kPa/s、64.6kPa/s 和 49.2kPa/s,最小升压速率
为－17.1kPa/s、－19.1kPa/s 和－15.2kPa/s。然而,当 SOC 分别为 80% 和
100%时,热失控最大升压速率分别飙升至 673.6kPa/s 和 697.4kPa/s,最小升压
速率分别为－350.9kPa/s 和－486.4kPa/s。最大升压速率和最小升压速率与图
4.31(d)中的外部加热功率无关;然而,图 4.31(c)和(d)表明,从冲击压力的角度来
看,在 400W 的加热功率下具有 100% SOC 的电池具有最强的热失控威力。

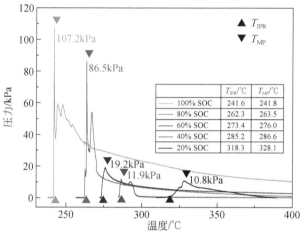

(a)压力-温度曲线:400W加热功率,20%、40%、60%、80%和100% SOC

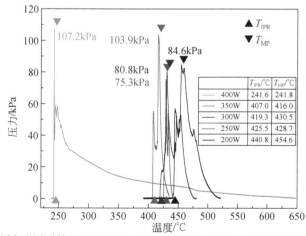

(b)压力-温度曲线:100% SOC,200W、250W、300W、350W和400W加热功率

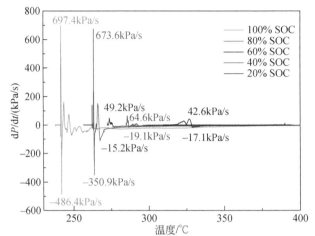

(c)压力变化率-温度曲线：400W加热功率，20%、40%、60%、80%和100% SOC

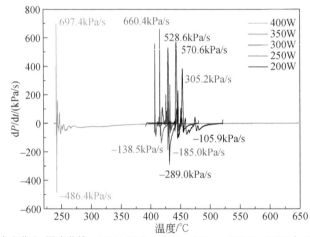

(d)压力变化率-温度曲线：100% SOC，200W、250W、300W、350W和400W加热功率

图4.31 剧烈喷射阶段冲击压力和压力变化率曲线(彩图请扫封底二维码)

3. 冲击压力形成机理分析

实验中气体冲击压力释放的最低起始温度为241.6℃。在此高温下，热失控会产生大量气体。SEI的破裂和三元镍钴锰正极材料的分解会产生 O_2[16]，其可以与电解质中的溶剂反应，以 EC 和 PC 为例[17]：

$$5/2O_2 + C_3H_4O_3(EC) \longrightarrow 3CO_2 + 2H_2O \tag{4-8}$$

$$4O_2 + C_4H_6O_3(PC) \longrightarrow 4CO_2 + 3H_2O \tag{4-9}$$

负极中嵌入的锂原子也会和溶剂发生反应[18]：

$$2Li + 2C_3H_4O_3(EC) \longrightarrow LiO(CH_2)_4OLi + 2CO_2 \tag{4-60}$$

$$LiPF_6 \longrightarrow LiF + PF_5 \tag{4-61}$$

$$LiO(CH_2)_4OLi + PF_5 \longrightarrow LiO(CH_2)_4F + LiF + POF_3 \tag{4-62}$$

高温时,电解液自身的分解也会产生并释放出各种气体[17,19]:

$$LiPF_6 + H_2O \longrightarrow LiF + 2HF + POF_3 \tag{4-63}$$

$$C_2H_5OCOOC_2H_5 + PF_5 \longrightarrow C_2H_5OCOOPF_4 + HF + C_2H_4 \tag{4-64}$$

$$C_2H_5OCOOC_2H_5 + PF_5 \longrightarrow C_2H_5OCOOPF_4 + C_2H_5F \tag{4-65}$$

$$C_2H_5OCOOPF_4 \longrightarrow HF + C_2H_4 + CO_2 + POF_3 \tag{4-6}$$

$$C_2H_5OCOOPF_4 \longrightarrow C_2H_5F + CO_2 + POF_3 \tag{4-5}$$

$$C_2H_5OCOOPF_4 + HF \longrightarrow PF_4OH + CO_2 + C_2H_5F \tag{4-7}$$

在不同的热失控阶段和温度下,不同的气体的释放可能是冲击压力振荡过程产生的可能原因。

表 4.18 总结了锂离子电池热失控阶段最大压力和最大升压速率值测试的文献综述。在 Jhu 等[20]的工作中,电压为 4.2V 的不同品牌的锂离子电池在 P_{max} 和 $(dP/dt)_{max}$ 上表现出明显差异。每种电池的制造过程、电池结构或电池材料的含量都可能影响放出气体的压力释放。Hsieh 等[21]进行的实验揭示了不同正极电池(LMO 和 LFP,其他条件相同)的不同 P_{max} 和 $(dP/dt)_{max}$ 测试结果。特别是 LMO 正极电池的 $(dP/dt)_{max}$ 比 LFP 大两个数量级。聚阴离子(PO_4^{3-})中的 P—O 共价键的键能很强,这使得 LFP 成为相对安全的正极材料。然而,LMO 的分解会导致一系列产生 O_2 的反应,O_2 与电解质反应并生成其他气体[16]。因此,不同的正极材料会影响气体释放过程。Hsieh 等[21]的测试还表明,容量较低的 LCO 电池喷射的气体超压的 $(dP/dt)_{max}$ 值相对较高。这可能与电池内部材料的组成比例有关。然后将总结的文献资料与本章的结果进行比较。在封闭测试环境中获得的冲击压力值相对较高。这些测试中的容器都是压力容器,其将所有热失控放出的气体保留在容器中,故而增大了压力值。在密闭容器中,热失控的持续的气体释放过程会由于这些气体的积聚而导致压力升高。但是,开放测试环境中,测得冲击压力则相对极低。本章的测试是在带有排气口的半封闭容器中进行的。较高 SOC 电池的热失控过程中释放气体的压力会迅速上升[图 4.31(a)和(b)中,100% 和 80% SOC 电池]。尽管有排气孔存在,但由于释放气体的瞬时性,可以将最大压力的测试值近似视为相对密闭条件下的结果。在保证实验安全的前提下,冲击压力的测试值在半封闭空间中更为准确,并且更接近于实际使用中电池组模块中的锂离子电池所处的半封闭状态。

4. **冲击压力监测响应特性**

锂离子电池热失控会导致起火、气体喷射和电路故障。压力监测是探测热失控

表 4.18 锂离子电池热失控阶段最大压力和最大升压速率值测试文献综述

序号	作者	电池型号	正极材料	容量/(A·h)	充电状态	加热功率/W	敞开或封闭环境	封闭测试容器体积/mL	压力传感器位置	电池数量	P_{max}/kPa	$(dP/dt)_{max}$/(kPa/s)
1[a]	Jhu等[20]	UR 18650	LCO	2.6	4.2V	—	封闭	88+150	—	1	1356.2	892.4
		US 18650	LCO	2.6	4.2V	—	封闭	88	—	1	10796.5	17274.6
		US 18650	LCO	2.6	4.2V	—	封闭	88+150	—	1	2445.6	2662.5
		ICR 18650	LCO	2.6	4.2V	—	封闭	88+150	—	1	1807.1	1792.3
		LG 18650	LCO	2.6	4.2V	—	封闭	88+150	—	1	1578.9	1546.0
		UR 18650	LCO	2.6	3.7V	—	封闭	88+150	—	1	355.8	40.8
		US 18650	LCO	2.6	3.7V	—	封闭	88+150	—	1	313.7	92.6
		ICR 18650	LCO	2.6	3.7V	—	封闭	88+150	—	1	403.3	92.6
		LG 18650	LCO	2.6	3.7V	—	封闭	88+150	—	1	332.3	86.1
2[a]	Jhu等[22]	18650	LCO	2.6	4.2V	—	封闭	88	—	1	1856.1	1737.8
		18650	NMC	2	4.2V	—	封闭	88	—	1	1125.9	727.6
3[a]	Lu等[23]	18650	LFP	—	3.3V	—	封闭	—	—	1	1720	0.7
		18650	LFP	—	3.6V	—	封闭	—	—	1	1789	2.1
		18650	LCO	—	3.7V	—	封闭	—	—	1	3434	943.7
		18650	LCO	—	4.2V	—	封闭	—	—	1	11644	35950.6
4[a]	Hsieh等[21]	US 14500	LCO	0.58	100%	—	封闭	100	—	1	3290	1144.8
		UR 14500	LCO	0.8	100%	—	封闭	100	—	1	3450	828.3
		LC 14500	LMO	0.9	100%	—	封闭	100	—	1	3190	707.2
		IFR 14500	LFP	0.9	100%	—	封闭	100	—	1	2220	9.6

续表

序号	作者	电池型号	正极材料	容量/(A·h)	充电状态	加热功率/W	敞开或封闭环境	封闭测试容器体积/mL	压力传感器位置	电池数量	P_{max}/kPa	$(dP/dt)_{max}$/(kPa/s)
5a,b	Somandepalli 等[24]	Pack	LCO	2.1	100%	100	封闭	6020	—	1	122.2	—
6a	Chen 等[25]	US18650	LCO	2.6	30%	—	封闭	88+150	—	1	187.6	2.4
		US18650	LCO	2.6	50%	—	封闭	88+150	—	1	295.1	22.1
		US18650	LCO	2.6	80%	—	封闭	88+150	—	1	486.1	15.9
		US18650	LCO	2.6	100%	—	封闭	88+150	—	1	1498.3	964.1
7a	Lei 等[26]	18650	LMO	1.65	100%	—	封闭	273	—	1	2100	—
8b	Koch 等[27]	Pouch (210cm³)	NMC	20	100%	—	封闭	—	—	1	176.0	—
9a,b	Chen 等[28]	ICR 18650	LCO	2.6	80%	500	敞开	N/A	H:300mm, V:75mm（右侧）	35	0.034	—
		ICR 18650	LCO	2.6	80%	500	敞开	N/A	H:400mm, V:100mm（右侧）	35	0.024	—
		ICR 18650	LCO	2.6	80%	500	敞开	N/A	H:300mm, V:75mm（后侧）	35	0.061	—
		ICR 18650	LCO	2.6	80%	500	敞开	N/A	H:400mm, V:100mm（右侧）	99	0.226	—
		ICR 18650	LCO	2.6	80%	500	敞开	N/A	H:500mm, V:125mm（后侧）	99	0.141	—

续表

序号	作者	电池型号	正极材料	容量/(A·h)	充电状态	加热功率/W	敞开或封闭环境	封闭测试容器体积/mL	压力传感器位置	电池数量	P_{max}/kPa	$(dP/dt)_{max}$/(kPa/s)
		ICR 18650	NMC	2.6	20%	400	半封闭	2300	H:35mm;V:150mm	1	10.8	42.6
		ICR 18650	NMC	2.6	40%	400	半封闭	2300	H:35mm;V:150mm	1	11.9	64.6
		ICR 18650	NMC	2.6	60%	400	半封闭	2300	H:35mm;V:150mm	1	19.2	49.2
		ICR 18650	NMC	2.6	80%	400	半封闭	2300	H:35mm;V:150mm	1	86.5	673.6
10	本工作	ICR 18650	NMC	2.6	100%	400	半封闭	2300	H:35mm;V:150mm	1	107.2	697.4
		ICR 18650	NMC	2.6	100%	350	半封闭	2300	H:35mm;V:150mm	1	103.9	660.4
		ICR 18650	NMC	2.6	100%	300	半封闭	2300	H:35mm;V:150mm	1	80.8	528.6
		ICR 18650	NMC	2.6	100%	250	半封闭	2300	H:35mm;V:150mm	1	75.3	570.6
		ICR 18650	NMC	2.6	100%	200	半封闭	2300	H:35mm;V:150mm	1	84.6	305.2

注:P_{max}:最大压力;$(dP/dt)_{max}$:最大升压速率;H:水平;V:垂直;上标"a":最大压力和最大升压速率值经过单位转换;上标"b":从文献配图中读出的最大压力和最大升压速率粗略值;"—":没有数据;"N/A":无意义。

事故发生的一种有效方法[29]，具有低延迟、低成本且可重复使用的特点，并且可以将传感器放置在电池组或模块中的任意位置。如图 4.30 所示，热失控过程中存在着两股冲击压力形成的冲击波。安全阀开启造成的冲击压力较小且短暂，但是剧烈喷射阶段的冲击压力较高而且持续时间较长。在本章中，在 2.3L 的测试容器中，尽管安全阀开启的冲击压力（P_{svo}）范围为 2.8～4.3kPa，但常规的灵敏传感器就可以在日常监控电池期间探测到该小信号，并采取措施防止电池继续发热。图 4.30 和表 4.17 显示，在本测试中，安全阀开启和剧烈喷射阶段之间的间隔时间（$t_{SVO-IES}$）为 184.4～568.8s，这提供了足够长的时间来关闭电池电路或启动电池冷却系统。而且，即使 P_{svo} 太低或持续时间太短而无法被探测到，到了剧烈喷射阶段，热失控超压则会更加明显。

剧烈喷射阶段中压力信号和温度信号的比较如图 4.32 所示。在该图中，当电池分别处于 20%、40%、60%、80% 和 100% SOC 和 400W 外部加热功率时，初始压力升高分别为比初始快速升温快 0.4s、3.8s、2.4s、2.2s 和 2.1s（本实验以温度随时间变化曲线的二阶导数，即温度变化率随时间变化曲线的一阶导数的最大点为初始快速升温点，此时温度变化速率为最大，将此处所对应的时刻定义为初始快速升温时刻）。但当电池在不同的外部加热功率时，表现出不同的行为。100% SOC 的电池在外部加热功率分别为 200W、250W、300W 和 350W 时，初始压力升高分别发生于初始快速升温 8.5s、45.6s、17.6s 和 13.7s 之后。只有在 400W 的加热功率下，初始压力上升比初始快速升温早 2.1s。在高加热功率下，电池内部到外壳的热传递的延迟，可能是导致温度信号延迟的原因。相反，较低的加热功率为电池内部传热提供了足够的时间。因此，当外部热源功率相对较大时，压力监测是一种有效的热失控探测措施，可以在强烈的热失控迅速升温之前，探测出气体释放的发生。建议同时使用温度和压力监控来探测锂离子电池热失控行为。

4.4.2　冲击压力危险性分析

Bowen 等[30]在 1968 年对爆炸伤害评估中的伤害风险进行了研究，并提出了 Bowen 等伤害-压力-持续时间曲线。Bowen 曲线是根据暴露于爆炸波的大型和小型哺乳动物的爆炸实验数据得出的。自 1968 年以来，Bowen 标准一直是原发爆炸伤害的评估标准[31,32]。超压、爆炸持续时间、人或其他哺乳动物的质量及存活率之间的关系的通用表达式如下[30-32]：

$$P_r \times \frac{424.028}{P_{sw}} \times \frac{101.325}{P_0} = 424.028(1 + 6.76 \cdot T^{-1.064}) e^{0.1788(5-z)} \quad (4\text{-}66)$$

$$T = t \times \left(\frac{70}{m}\right)^{\frac{1}{3}} \times \left(\frac{P_0}{101.325}\right)^{\frac{1}{2}} \quad (4\text{-}67)$$

其中，P_0 为大气压力，kPa；P_r 为峰值压力值，kPa；P_{sw} 为大气压力为 101.325kPa

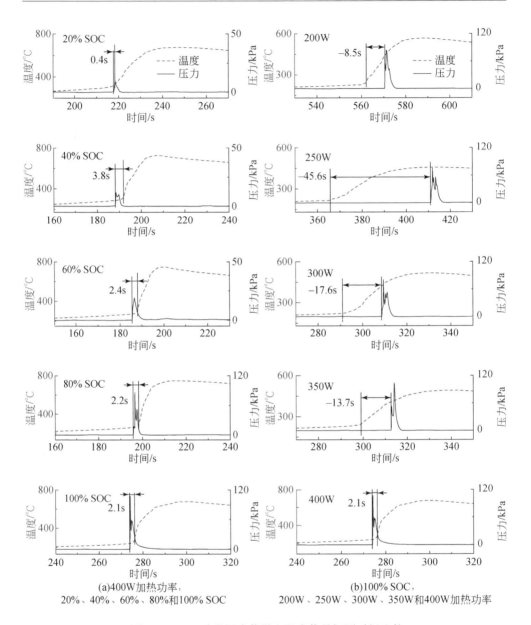

图 4.32　IES 阶段压力信号和温度信号探测时间比较

时,方波 P_r 造成 50% 存活率的压力值;z 为存活率,概率单位;T 为超压持续时间,ms;t 为正超压持续时间,ms;m 为哺乳动物质量,kg。在本章中,P_0 值为 101.325kPa,m 值为 70kg,代表人类的体重。式(4-66)可以写成:

$$P_r = P_{sw}(1+6.76t^{-1.064})e^{0.1788(5-z)} \tag{4-68}$$

P_{sw} 值表示测试的哺乳动物的对爆炸的耐受性。在缺乏人类实验的证据情况下，Bowen 等暂时地将大型物种的耐受性的几何平均值作为人类的爆炸耐受力，即 $P_{sw}=424.028\text{kPa}$。

$$P_r=424.028(1+6.76t^{-1.064})e^{0.1788(5-z)} \tag{4-69}$$

为了分析由锂离子电池的热失控引起的冲击压力造成的伤害，根据式（4-69）和表 4.19 中的数据，图 4.33 绘制了锂离子电池热失控冲击压力 Bowen 生存曲线。曲线显示了最大超压值，持续时间（正相）和致死剂量（lethal dose，LD）[30] 之间的关系。剧烈喷射阶段最大超压值（P_{IES}）和剧烈喷射阶段的超压持续时间（t_{IES}）来自表 4.17 获得的实验测试结果。如图 4.33 所示，电池 SOC 为 20％、40％和

表 4.19　存活率、致死剂量和概率单位的平行对照表

存活率/％	致死剂量	概率单位（z）
1	LD_{99}	2.6737
10	LD_{90}	3.7184
50	LD_{50}	5.0000
90	LD_{10}	6.2816
99	LD_{1}	7.3263

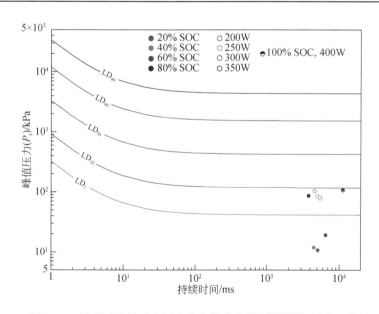

图 4.33　锂离子电池冲击压力伤害风险分析（彩图请扫封底二维码）

60%,加热功率为 400W 时,热失控的冲击压力造成的伤害风险低于 LD_1 曲线。但是,所有其他情况下的伤害风险都在 LD_1 曲线上方和 LD_{10} 曲线下方。100% SOC 电池在外部加热功率为 350W 或 400W 时,发生热失控产生的冲击压力值均接近 LD_{10} 曲线。如果单个 18650 型锂离子电池在半封闭空间发生热失控,而电池靠近人的胸腔时,该事故因超压而导致的死亡率接近 10%。因此,具有一个以上电池的电池组包或模块的热失控会导致更大的超压和更长的持续时间,并导致更高的死亡率。

4.5 本章小结

通过对锂离子电池热失控产气的过程特性和浓度变化采用实验研究、理论计算分析和模型预测相结合的方法,研究了不同荷电状态、不同高温环境温度、不同加热功率对锂离子电池产气过程、产气成分含量及气体爆炸下限的影响规律,并建立锂离子电池热失控产气的危险性预测模型。主要结论可以归纳如下:

(1)在 0% SOC 和 20% SOC 下,锂离子电池热失控不太剧烈,产生的气体颗粒较少,平均速度较低,没有明显的峰值变化。在 40% SOC 和 60% SOC 下,锂离子电池热失控较剧烈,电池泄气阀开启之后持续的时间较长,释放的烟气颗粒较多,并且出现多峰值的现象。80% SOC 和 100% SOC 下,锂离子电池热失控非常剧烈,电池泄气阀开启之后很短时间就发生了热失控。

(2)锂离子电池热失控气体产物具体成分有 CO_2、O_2、N_2、CO、H_2、CH_4、C_2H_6、C_2H_4、C_3H_8、C_3H_6、C_4H_{10}、$CH_2\!=\!C\!=\!CH_2$、C_2H_2、$CH_3CH\!=\!CHCH_3$、$CH_2\!=\!CHCH_2CH_3$、$(CH_3)_2C\!=\!CH_2$、C_5H_{12}、C_4H_6、$CH_3C\!\equiv\!CH$、$CH_3CH\!=\!$ $CHCH_2CH_3$、$CH_3C(CH_3)\!=\!CHCH_3$、$H_2C\!=\!CHCH_2CH_2CH_3$、C_6H_6、C_7H_8、$C_3H_{10}OSi$、$C_8H_{20}OSi$、$C_7H_{14}O_2$、$C_6H_{18}O_3Si_3$、C_9H_{18}、C_{6+}[含量排名前六的物质成分分别为 N_2(33.1320%)、CO_2(29.8571%)、H_2(15.2542%)、CO(7.2646%)、CH_4(5.7084%)、C_2H_4(4.3276%)]。

(3)在氩气环境下,锂离子电池热失控反应温度降低并不明显。在氧气环境下,由于锂离子电池热失控过程比较复杂,剧烈的反应会消耗大量的氧气,而空气中氧含量的变化,会引起 CO 和 CO_2 的波动。随着电池荷电状态的升高,电池内部反应更加剧烈,混合气体中 CO 的浓度呈逐步上升的趋势,由于锂离子电池的电解液受热分解,会产生氧气,当氧气充分时,石墨电极的燃烧会产生 CO_2,氧气的浓度主要决定 CO_2 和 CO 的比例总量。随着外界温度的升高,锂离子电池热失控反应也逐渐剧烈。锂离子电池热失控的泄气阀开启温度为 180~200℃,热失控反应的起始温度为 230~240℃,混合气体中 CO_2 的浓度呈逐步上升的趋势。随着加热功率的升高,热失控所需的时间变短。在功率为 100W 的条件下,锂离子电池的升温速率较慢,电池失控过程内部反应更充分。

(4)基于共轭先验的贝叶斯不确定度评定方法,通过分析锂离子电池热失控反应过程释放的 CO 浓度,得到锂离子电池热失控阶段的安全性的不确定度公式:

$$u_1 = \sqrt{\frac{(n_0 - 1)u_0^2 + \sum\limits_{j=1}^{n_1} (x_{1j} - \bar{x}_1)^2}{n_0 + n_1 - 3}}$$

基于不确定度的分析,实现对锂离子电池的热失控状态的预测。

(5)根据 Le Chatelier 方程和经验公式,实现对混合气体的爆炸下限的理论预测,并结合测量结果计算出在 100% SOC 下,锂离子电池热失控气体的爆炸下限的理论数值为 8.68%。同时,根据实验计算,采用逼近法得到最接近爆炸下限的数据,得到爆炸下限实验结果为 8.50%,误差为 2.1%<5%。

(6)随着锂离子电池荷电状态的增加,锂离子电池热失控产生气体的爆炸下限呈现先升高后下降的趋势。锂离子电池爆炸极限的峰值大约在 60% SOC。60%的电量可以降低电池热失控反应产生的气体发生爆炸的概率。随着环境温度的升高,热失控产气的爆炸下限呈下降的趋势,失控温度越高,反应越剧烈,产生的可燃气体的比例越高。随着加热功率的提高,热失控产生气体的爆炸下限明显降低。对锂离子电池进行快速升温加热,电池发生失控的时间变短,其产生气体的爆炸下限也越低。

热失控气体冲击压力研究的目的是研究锂离子电池发生热失控时的气体冲击压力。冲击压力是通过自制的热失控测试设备进行测试的,研究测试了具有不同 SOC 的电池或在不同外部加热功率加热下电池的热失控冲击压力,获得并总结了安全阀开启和剧烈喷射阶段的压力和持续时间,以及两个阶段之间的间隔时间的相关数据;还揭示了初始压力上升温度、最高压力温度和压力变化率的规律。研究中还讨论了热失控压力监测的响应特性,分析了锂离子电池热失控的冲击压力可能造成的危险性伤害。主要结论可以归纳如下:

(1)电池 SOC 和外部加热功率对最大冲击压力、剧烈喷射阶段的超压持续时间、初始压力上升温度和最大压力温度有不同程度的影响。

(2)热失控超压的释放是一个剧烈的振荡过程,尤其是在电池 SOC 较高的情况下。

(3)当锂离子电池周围的外部热源功率较大时,压力监测是探测热失控的有效手段。

(4)如果单个 18650 型锂离子电池在半封闭空间发生热失控,而电池靠近人的胸腔时,该事故因超压而导致的死亡率接近 10%。

参 考 文 献

[1] 郭林生. 不同热环境下锂离子电池充放电过程热失控危险性研究[D]. 南京:南京工业大学, 2017.

[2] Finegan D P, Darcy E, Keyser M, et al. Identifying the cause of rupture of Li-ion batteries during thermal runaway[J]. Adv Sci, 2017, 5(1):1700369.

[3] Finegan D P, Darcy E, Keyser M, et al. Characterising thermal runaway within lithium-ion cells by inducing and monitoring internal short circuits[J]. Energy Environ Sci, 2017, 10(6):1377-1388.

[4] Dantec Dynamics. Laser Doppler Anemometry (LDA) and Phase Doppler Anemometry (PDA) Reference Manual[M]. Skovlunde: Dantec Dynamics, Publication No.: 9040u 1312, 2011.

[5] Specification of Product for Lithium-ion Rechargeable Cell Model: ICR18650-26H[Z]. Version No. 1.0. Samsung SDI Co., Ltd. Energy Business Division, 2011.

[6] Material Safety Data Sheet Model: ICR18650-26H M[Z]. Revision No.: 00, Samsung SDI Energy Malaysia SDN. BHD, 2014.

[7] Golubkov A W, Fuchs D, Wagner J, et al. Thermal-runaway experiments on consumer Li-ion batteries with metal-oxide and olivin-type cathodes[J]. RSC Adv, 2013, 4(7):3633-3642.

[8] Oh B, Hyung Y E, Vissers D R, et al. Accelerating rate calorimetry study on the thermal stability of interpenetrating network type poly(siloxane-g-ethylene oxide) polymer electrolyte[J]. Electrochim Acta, 2003, 48(14):2215-2220.

[9] Golubkov A W, Scheikl S, Planteu R, et al. Thermal runaway of commercial 18650 Li-ion batteries with LFP and NCA cathodes-impact of state of charge and overcharge[J]. RSC Adv, 2015, 5(70):57171-57186.

[10] 胡传跃, 李新海, 郭军, 等. 高温下锂离子电池电解液与电极的反应[J]. 中国有色金属学报, 2007, 17(4): 629-635.

[11] Ohzuku T, Brodd R J. An overview of positive-electrode materials for advanced lithium-ion batteries[J]. J Power Sources, 2007, 174(2):449-456.

[12] 姜瑞, 陈晓怀. 贝叶斯原理的不确定度评定方法比较[J]. 河南科技大学学报(自然科学版), 2016, 37(6):21-27.

[13] 王汉斌. CMM产品检验不确定度评定及误判风险评估[D]. 合肥:合肥工业大学, 2016.

[14] 潘旭海. 燃烧爆炸理论及应用[M]. 北京:化学工业出版社, 2015.

[15] 蔡凤英, 谈宗山, 孟赫, 等. 化工安全工程[M]. 北京:科学出版社, 2001.

[16] Wang Q S, Mao B B, Stoliarov S I, et al. A review of lithium ion battery failure mechanisms and fire prevention strategies[J]. Prog Energy Combust Sci, 2019, 73:95-131.

[17] Diaz F, Wang Y, Weyhe R, et al. Gas generation measurement and evaluation during mechanical processing and thermal treatment of spent Li-ion batteries[J]. Waste Manage, 2019, 84:102-111.

[18] Yang H, Shen X D. Dynamic TGA-FTIR studies on the thermal stability of lithium/graphite with electrolyte in lithium-ion cell[J]. J Power Sources, 2007, 167:515-519.

[19] Wang Q S, Ping P, Zhao X J, et al. Thermal runaway caused fire and explosion of lithium ion battery[J]. J Power Sources, 2012, 208:210-224.

[20] Jhu C Y, Wang Y W, Shu C M, et al. Thermal explosion hazards on 18650 lithium ion batteries with a VSP2 adiabatic calorimeter[J]. J Hazard Mater, 2011, 192:99-107.

[21] Hsieh T Y, Duh Y S, Kao C S. Evaluation of thermal hazard for commercial 14500 lithium-ion batteries[J]. J Therm Anal Calorim, 2014, 116:1491-1495.

[22] Jhu C Y, Wang Y W, Wen C Y, et al. Thermal runaway potential of $LiCoO_2$ and $Li(Ni_{1/3} Co_{1/3} Mn_{1/3})O_2$ batteries determined with adiabatic calorimetry methodology[J]. Appl Energy, 2012, 100:127-131.

[23] Lu T Y, Chiang C C, Wu S H, et al. Thermal hazard evaluations of 18650 lithium-ion batteries by an adiabatic calorimeter[J]. J Therm Anal Calorim, 2013, 114:1083-1088.

[24] Somandepalli V, Marr K, Horn Q. Quantification of combustion hazards of thermal runaway failures in lithium-ion batteries[J]. SAE Int J Alt Power, 2014, 3:98-104.

[25] Chen W C, Wang Y W, Shu C M. Adiabatic calorimetry test of the reaction kinetics and self-heating model for 18650 Li-ion cells in various states of charge[J]. J Power Sources, 2016, 318:200-209.

[26] Lei B X, Zhao W J, Ziebert C, et al. Experimental analysis of thermal runaway in 18650 cylindrical Li-ion cells using an accelerating rate calorimeter[J]. Batteries, 2017, 3:14.

[27] Koch S, Birke K P, Kuhn R. Fast thermal runaway detection for lithium-ion cells in large scale traction[J]. Batteries, 2018, 4:16.

[28] Chen M Y, Ouyang D X, Liu J H, et al. Investigation on thermal and fire propagation behaviors of multiple lithium-ion batteries within the package[J]. Appl Therm Eng, 2019, 157:113750.

[29] Liao Z H, Zhang S, Li K, et al. A survey of methods for monitoring and detecting thermal runaway of lithium-ion batteries[J]. J Power Sources, 2019, 436:226879.

[30] Bowen I G, Fletcher E R, Richmond D R. Estimate of man's tolerance to the direct effects of air blast[R]. Technical Report to Defense Atomic Support Agency DASA-2113. Albuquerque:Lovelace Foundation for Medical Education and Research (AD693105), 1968.

[31] Gruss E. A Correction for primary blast injury criteria[J]. J Trauma, 2006, 60:1284-1289.

[32] Zhou J, Tao G. Biomechanical modeling for the response of human thorax to blast waves[J]. Acta Mech Sin, 2015, 31:589-598.

第5章　热失控多参数危险性评价方法

锂离子电池热失控危险性受到许多参数的影响,包括电池自身参数(高温、热失控发生速度等)、热失控释放气体危险性参数(燃爆性、毒性和冲击压力等)、喷射火焰和高温混合喷射物危险性参数(喷射距离、温度等),以及热失控喷射固体粉末产物危险性参数(粉末粒径、毒害性等)。本章采用模糊层次分析法(fuzzy analytic hierarchy process,FAHP)来建立锂离子电池失控危险性多参数的综合评价体系,从整体的角度,根据热失控过程和产物后果的危险程度,系统、定量地评价锂离子电池热失控风险,并在实验结果和文献资料的基础上进行实例验证和分析。

层次分析法(analytic hierarchy process,AHP)是美国运筹学家 Saaty[1,2] 开发的一种用于评估、选择、排名和预测的决策分析方法。层次分析法可以利用较少的分析将决策的过程量化,对复杂问题进行简便、定量的研究。但是,由于在层次分析法比较判断时,人的判断具有模糊性,或者在向专家咨询时,专家往往会给出一些模糊量,所以常常会在层次分析法的基础上引入模糊数来改进层次分析法,形成模糊层次分析法[3]。模糊层次分析法已广泛运用于风险评估[4]、风险管理[5]及危险评价和分析[6]等领域。研究学者开发了多种模糊层次分析模型,本章参考其中相对应用广泛的三角模糊数层次分析法[7,8]对锂离子电池热失控危险性进行多参数评价分析。

5.1　多参数评价指标体系

在综合实验结果和文献资料的基础上,本章首先建立评价指标体系(A),包含四个基本参数:电池自身参数(B_1)、气体危险性参数(B_2)、喷射火焰和高温混合物危险性参数(B_3)及固体粉末危险性参数(B_4)。每个基本参数都包含一组子因素,由于本章研究各基本参数及子因素的具有特征性的危险性,故可视其之间均符合相互独立性的要求。本章针对锂离子电池热失控危险性的层次评价指标体系如图5.1所示。

1. 电池自身参数(B_1)

对于发生热失控的锂离子电池,其自身发生的变化最为显著和直观,电池自身的危险性参数能直接影响与之接触的设备和人员,其引发的影响也相对较大。此

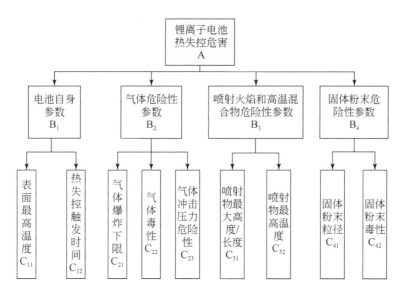

图 5.1　锂离子电池热失控危险性多参数评价指标体系

处考虑了与电池自身危险性参数相关的两个子因素:表面最高温度(C_{11})和热失控触发时间(C_{12})。

表面最高温度(C_{11}):电池的表面温度通常反映了电池在热失控时外表面的温度变化,人员在与之接触时,可能会被高温所灼伤。电池温度的高低,也反映了电池内部放热反应的剧烈程度。Fu 等[9]在锥形量热仪中对 18650 型锂离子电池进行了燃烧测试,并采用热电偶测量了热失控过程中电池表面温度的变化,记录了最高温度值。Chen 等[10]使用 VSP2 对不同 SOC 的 18650 型电池,通过仪器自带的温度系统,测量了电池热失控过程中温度的变化,并总结记录了各条件下电池的最高温度点。Liu 等[11]采用自制的加热铜管和配套的热电偶测量了电池在不同加热功率、不同 SOC、不同充电过程和放电过程中发生热失控电池的温度变化。本章在热失控过程中测试冲击压力的同时,也记录了电池表面的温度变化,并总结了各条件下的最高温度值。所以在评价模型中,采用电池在热失控时的表面最高温度作为电池热失控危险性自身参数的子因素之一。电池表面最高温度越高,表明电池的内部反应越剧烈,危险性越大。

热失控触发时间(C_{12}):热失控触发时间通常是某一时间点开始至热失控发生的中间时间。热失控触发时间反映了电池在一定加热状态下,留给操作人员处置热失控的反应时间。Ouyang 等[12]在锥形量热仪内对锂离子电池组进行了热失控加热测试,在电加热系统中采用 2.0kW 的加热功率对不同 SOC 的电池组进行加热,并记录了包括安全阀开启时间、起火时间、热失控时间在内的相关数据。Fu

等[9]的电池燃烧测试中,也统计并记录了在不同加热条件下的起火时间和热失控爆炸时间。本章在热失控过程中测试冲击压力的同时,也记录了电池在加热过程中安全阀开启至热失控发生的时间间隔($t_{SVO-IES}$)。一般情况下,电池在安全阀开启之前的升温过程中,其温度的上升主要取决于对电池进行加热的加热装置的功率;在安全阀开启后,温度上升到某一点后,电池内部自身的反应放热超过电池的散热,电池进入自加速升温状态。所以在本评价模型中,定义电池在安全阀开启至热失控发生的时间间隔为热失控触发时间,并作为电池热失控危险性自身参数的子因素之一。热失控触发时间越短,表明电池所处的滥用环境越恶劣,危险性越高。

2. 气体危险性参数(B_2)

锂离子电池发生热失控,其释放出的气体危险性大、易于流动,因此受关注度高。此处考虑了与释放气体的危险性参数相关的三个子因素:气体爆炸下限(C_{21})、气体毒性(C_{22})和气体冲击压力危险性(C_{23})。

气体爆炸下限(C_{21}):锂离子电池发生热失控时,会喷射出含有可燃气体的产物,如果遇到点火源,可能会发生爆炸,从而引发更进一步的伤害。Baird 等[13]总结并对比分析了前人对四种正极材料(NCM、LFP、LCO、NCA)的锂离子电池热失控释放气体的爆炸下限的实验测试结果和理论计算预测结果。Li 等[14]利用公开文献中的锂离子电池热失控释放气体成分数据,结合理论公式计算并分析了热失控释放气体的爆炸下限、爆炸上限和爆炸范围等数据。由于锂离子电池释放的气体量相对不大,释放的热失控气体除含有可燃气体外,还有一定的惰性气体,其中可燃气体浓度更容易在爆炸下限值附近变化,而相对难以到达爆炸上限。掌握爆炸下限数据后,基本可以判断热失控释放气体是否达到发生爆炸的条件。所以在评价模型中,采用气体爆炸下限作为电池热失控危险性气体危险参数的子因素之一。爆炸下限越低,达到发生爆炸的条件越容易,危险性越高。

气体毒性(C_{22}):由于锂离子电池热失控反应的复杂性,其生成的气体除了具有燃烧爆炸性,其中一些物质还可能具有毒性。Hammami 等[15]研究了锂离子电池在滥用情况下电解液与正极材料之间可能生成有毒氟化物的机理和毒性。Larsson 等[16]测量了七种不同品牌和型号的锂离子电池在热失控时释放的氟化氢和三氟氧磷的变化情况。除了有毒氟化物,锂离子电池热失控时还会释放一氧化碳和多种有毒的有机化合物,如 2-丙烯醛、丙二腈、羰基硫化物等[17]。为了量化评价热失控释放的气体混合物的毒性,在评价模型中,参考中国国家职业卫生标准《职业性接触毒物危害程度分级》(GBZ 230—2010)[18]中关于毒物危害指数的计算方法来确定物质的毒性,毒物危害指数计算公式见式(5-1):

$$THI = \sum_{i=1}^{n} (k_i \cdot F_i) \tag{5-1}$$

式中，THI(toxicant hazardous index)为毒物危害指数；k_i 为毒物危害指数分项指标权重；F_i 为毒物危害指数分项指标积分值。

相关指标权重和积分值按照《职业性接触毒物危害程度分级》(GBZ 230—2010)中的要求进行计算，由于热失控产生的气体为混合物，所以毒物危害指数分项指标积分值按混合物中危害最高的物质的积分值作为混合物的该分项的积分值进行选取。最后根据计算结果将危害程度分为五个等级，评价模型中参数危险等级参考该标准将五个等级与之对应。

气体冲击压力危险性(C_{23})：锂离子电池在发生热失控时，其短时间内大量喷发出的气体会引起周围环境压力的迅速升高，如果人员处在附近，可能会受到这一冲击压力的伤害。根据本章的研究结果，冲击压力的伤害与压力的大小和持续时间具有数值关系。所以在评价模型中，根据热失控产生的冲击压力的数值（纵坐标）和持续时间（横坐标）绘制的点位落在 Bowen 曲线中的位置来确定冲击压力的危险程度，落入不同等级的危险区域即代表不同等级的危险性。

3. 喷射火焰和高温混合物危险性参数(B_3)

锂离子电池发生热失控时，其剧烈喷射的火焰和高温混合物距离远、温度高。此处考虑了与喷射火焰和高温混合物危险性参数相关的两个子因素：喷射物最大高度/长度(C_{31})和喷射物最高温度(C_{32})。

喷射物最大高度/长度(C_{31})：根据本章的分析结果，喷射的火焰和高温混合物会给周围的人员或设备带来伤害。为了消除不同类型电池之间形状和大小的差异，在评价模型中，采用电池在热失控时的喷射火焰和高温混合物的无量纲的最大高度（垂直放置）/长度（水平放置）作为电池热失控喷射过程危险性参数的因素之一。无量纲的喷射高度越高或长度越长，危险性越大。值得注意的是，单个 18650 型电池的体积约为 $16.54cm^3$，而热失控测试装置上方留有的空间约为 $2300cm^3$，所以对于电池，其体积在实验容器中占比较小，电池周围有较大的空间，且电池顶部距离石英罩顶部的距离为 150mm。根据第 2 章的实验结果，最大垂直喷射火焰和高温混合物的高度为 79.33mm，小于 150mm，所以石英罩对喷射火焰和高温混合物的影响不大，且装置为半封闭装置，留有气体交换的管路，气流可以流动。因此，可以认为锂离子电池所处环境条件（半封闭或敞开）对电池自身参数的影响不大。

喷射物最高温度(C_{32})：根据本章的分析结果，喷射的火焰和高温混合物的喷射会给周围的人员或设备带来伤害的原因是喷射产物具有很高的温度，可能会因高温而伤害周边人员或毁坏周边设备。所以在评价模型中，采用电池在热失控时的喷射火焰和高温混合物的最高温度作为电池热失控喷射过程危险性参数的因素之一。喷射火焰和高温混合物的温度越高,危险性越大。

4. 固体粉末危险性参数(B_4)

锂离子电池发生热失控,其喷射出的固体粉末具有一定的危险性。此处考虑了与固体粉末危险性参数相关的两个子因素:固体粉末粒径(C_{41})和固体粉末毒性(C_{42})。

固体粉末粒径(C_{41}):根据本章的分析结果,固体粉末粒径的大小会影响粉尘爆炸的可能性,粒径越小的颗粒,对人员呼吸系统的影响也越大。所以在评价模型中,参考第 3 章的研究结果,将固体粉末平均粒径作为电池热失控固体粉末危险性参数的子因素之一。粒径越小,危险性越大。

固体粉末毒性(C_{42}):根据本章的分析结果,由于锂离子电池热失控时喷射的固体粉末的复杂性,且其中含有一定量的有毒成分,如果人员误接触后可能会有中毒危害。所以与评价气体毒性采用的方法相同,在评价模型中,参考《职业性接触毒物危害程度分级》(GBZ 230—2010)[18]对固体粉末中存在的毒性物质进行毒物危害指数计算。

5.2　模糊对比矩阵

对于基于多参数的锂离子电池危险性评价,本章选取了 Chang 等[7]开发的三角模糊数层次分析法进行研究。在模糊层次分析中,通常采用语义变量来描述因素之间的相对重要性。为了进行计算,需要将相应的语义变量转换为模糊度量。本章在模糊层次分析法中赋值为三角模糊数标度法[7,8],具体对应关系见表 5.1。

表 5.1　相对重要性的三角模糊数表达形式[7,8]

语义变量	三角模糊数	语义变量	三角模糊数
同样重要(有优势)	(1,1,1)	十分重要(有优势)	(2,5/2,3)
稍微重要(有优势)	(1,3/2,2)	绝对重要(有优势)	(5/2,3,7/2)
比较重要(有优势)	(3/2,2,5/2)		

为了建立对比矩阵,本章中用于层次分析的三角模糊数矩阵的表达形式为

$$\widetilde{X} = (x_{ij}) \qquad i,j = 1,2,\cdots,n \qquad (5\text{-}2)$$

$$\widetilde{x}_{ij} = (a_{ij}, m_{ij}, d_{ij}) \qquad (5\text{-}3)$$

$$\widetilde{x}_{ji} = (\widetilde{x}_{ij})^{-1} = (d_{ij}^{-1}, m_{ij}^{-1}, a_{ij}^{-1}) \qquad (5\text{-}4)$$

式中,$\widetilde{X}$ 为模糊数成对比较矩阵;$\widetilde{x}_{ij}$ 为矩阵中的元素;n 为因素或子因素的序号。

在 5.1 节分析的基础上,建立了如表 5.2～表 5.6 所示的各参数及子因素的模糊数矩阵。其中,对于气体危险性参数(B_2)和电池自身参数(B_1)之间的关系,研究认为,由于电池一般会置于电池盒、仓或其他专用位置,其发生危害时造成危害大小比电池热失控产生的可燃气体会引发的火灾、爆炸危害要小,所以表 5.2 中认为气体危险性参数(B_2)比电池自身参数(B_1)比较重要。与之相同的是,喷射火焰和高温混合物危险性参数(B_3)比电池自身参数(B_1)比较重要,因为前者引发的危害比较大(能喷射出一段距离)。气体危险性参数(B_2)与喷射火焰和高温混合物危险性参数(B_3)之间相比较,由于喷射具有时间效应,在喷射过程结束后,其引发的高温范围就基本结束了,而热失控释放的气体可能会在电池周围一定范围内扩散、积聚,如果引发二次爆炸,则危害范围和程度可能会更大,所以 B_2 比 B_3 稍微重要。对于固体粉末危险性参数(B_4),由前文分析可知其虽然具有一定的扩散性、毒害性和职业危害性,但不具有粉尘爆炸性,因此其与电池自身参数(B_1)相比稍微重要,但其与气体危险性参数(B_2)、喷射火焰和高温混合物危险性参数(B_3)相比,则均呈现稍微不重要关系。

表 5.2　锂离子电池热失控危害模糊数矩阵(A)

	B_1	B_2	B_3	B_4
B_1	(1,1,1)	(2/5,1/2,2/3)	(2/5,1/2,2/3)	(1/2,2/3,1)
B_2	(3/2,2,5/2)	(1,1,1)	(1,3/2,2)	(1,3/2,2)
B_3	(3/2,2,5/2)	(1/2,2/3,1)	(1,1,1)	(1,3/2,2)
B_4	(1,3/2,2)	(1/2,2/3,1)	(1/2,2/3,1)	(1,1,1)

对于电池自身参数(B_1)中子因素之间的关系,其中电池表面最高温度(C_{11})对人员的影响可能相对稍小,而热失控触发时间(C_{12})更能反映留给周围人员对于热失控处置或逃生的时间,故 C_{12} 比 C_{11} 稍微重要,见表 5.3。

表 5.3　电池自身参数模糊数矩阵(B_1)

	C_{11}	C_{12}
C_{11}	(1,1,1)	(1/2,2/3,1)
C_{12}	(1,3/2,2)	(1,1,1)

对于气体危险性参数(B_2)中子因素之间的关系,其中最重要的无疑是气体爆炸下限(C_{21}),其最能反映气体发生爆炸危害的难易程度。其次是气体冲击压力危险性(C_{23}),其反映了可能造成冲击伤害的危险大小。由于热失控气体中有毒气体的比例通常稍微较小,所以其气体毒性(C_{22})危害在气体危险性参数中最小。故

C_{21}比C_{23}稍微重要，C_{21}比C_{22}比较重要，C_{23}比C_{22}稍微重要，见表5.4。

表5.4 气体危险性参数模糊数矩阵(B_2)

	C_{21}	C_{22}	C_{23}
C_{21}	(1,1,1)	(3/2,2,5/2)	(1,3/2,2)
C_{22}	(2/5,1/2,2/3)	(1,1,1)	(1/2,2/3,1)
C_{23}	(1/2,2/3,1)	(1,3/2,2)	(1,1,1)

对于喷射火焰和高温混合物危险性参数(B_3)中子因素之间的关系，由于喷射的范围更能体现喷射火焰和高温混合物的危险扩散距离，而喷射物一般能达到的温度基本对人员和设备都足够造成危害，温度的高低可能只是造成危害大小不同，故研究认为，喷射物最大高度/长度(C_{31})比喷射物最高温度(C_{32})稍微重要，见表5.5。

表5.5 喷射火焰和高温混合物危险性参数模糊数矩阵(B_3)

	C_{31}	C_{32}
C_{31}	(1,1,1)	(1,3/2,2)
C_{32}	(1/2,2/3,1)	(1,1,1)

对于固体粉末危险性参数(B_4)中子因素之间的关系，固体粉末粒径决定了其造成粉尘爆炸危害及职业性危害的危险性，而固体粉末毒性在人员吸入、接触、误食等情况下会造成一定危险，故研究认为固体粉末粒径(C_{41})比固体粉末毒性(C_{42})稍微重要，见表5.6。

表5.6 固体粉末危险性参数模糊数矩阵(B_4)

	C_{41}	C_{42}
C_{41}	(1,1,1)	(1,3/2,2)
C_{42}	(1/2,2/3,1)	(1,1,1)

5.3 多参数权重确定

5.3.1 一致性检验

建立矩阵后，需要对矩阵的一致性进行检查，确保定义的矩阵的权重是可接受的。首先需根据式(5-5)将表5.2~表5.6中的模糊数矩阵中的模糊数转换为相对应的去模糊化明确值。

$$N = \frac{m+m}{2} + \frac{[(d-m)-(m-a)]}{6} = \frac{a+4m+d}{6} \tag{5-5}$$

然后计算去模糊化后的矩阵的最大特征值 λ_{max}。最后通过一致性比率来计算矩阵的一致性:

$$CR = CI/RI \tag{5-6}$$

$$CI = (\lambda_{max} - n)/(n-1) \tag{5-7}$$

式中,CI(consistency index)是一致性指标;RI(random index)是随机一致性指标(表5.7)。当一致性比率CR(consistency ratio)$<$0.1时,可接受矩阵的一致性;否则,应修改至符合要求。

表5.7 随机一致性指标表[8]

	1	2	3	4	5	6	7	8	9
RI	0	0	0.58	0.90	1.12	1.24	1.32	1.41	1.45

5.3.2 权重计算

三角模糊权重的计算包括两个步骤,首先利用通常的方法计算三角模糊权重,然后采用三角程度分析计算清晰权重。矩阵第 i 行的三角模糊数之和如式(5-8)所示:

$$\widetilde{Tri}_{s,i} = \sum_{j=1}^{n} \widetilde{x}_{ij} = (\alpha_{tri,i}, \beta_{tri,i}, \gamma_{tri,i}) \tag{5-8}$$

所有 $\widetilde{Tri}_{s,i}$ 之和如式(5-9)所示:

$$\widetilde{Tri}_s = \sum_{i=1}^{n} \widetilde{Tri}_{s,i} = (\alpha_{tri}, \beta_{tri}, \gamma_{tri}) \tag{5-9}$$

所以,第 i 行因素或子因素的三角模糊权重定义为

$$\widetilde{w}_{tri,i} = \widetilde{Tri}_{s,i}(\phi)\widetilde{Tri}_s = (\alpha_{tri,i}\gamma_{tri}^{-1}, \beta_{tri,i}\beta_{tri}^{-1}, \gamma_{tri,i}\alpha_{tri}^{-1}) \tag{5-10}$$

因此,因素 $A(\widetilde{W}_{tri})$ 及子因素 $B_i(\widetilde{W}_{tri,B_i})$ 的三角模糊权重向量如式(5-11)和式(5-12)所示:

$$\widetilde{W}_{tri} = (\widetilde{w}_{tri,B_1}, \widetilde{w}_{tri,B_2}, \widetilde{w}_{tri,B_3}, \widetilde{w}_{tri,B_4}) \tag{5-11}$$

$$\widetilde{W}_{tri,B_i} = (\widetilde{w}_{tri,C_{i1}}, \widetilde{w}_{tri,C_{i2}}, \cdots, \widetilde{w}_{tri,C_{ik}}) \tag{5-12}$$

基于上述定义的三角模糊权重向量,利用三角模糊数的特点,通过与其他元素进行比较,从而对权重进行优化,得到更加准确的权重值。鉴于此,需对上述三角模糊权重进行三角程度分析。首先定义 $\widetilde{x}_1 = (a_1, m_1, d_1) \geqslant \widetilde{x}_2 = (a_2, m_2, d_2)$ 的可

能性的程度,如式(5-13)所示:

$$V(\tilde{x}_1 \geqslant \tilde{x}_2) = \mu_{\tilde{x}_1}(h) = \begin{cases} 1, & \text{若 } m_1 \geqslant m_2 \\ 0, & \text{若 } a_2 \geqslant d_1 \\ \dfrac{a_2 - d_1}{(m_1 - d_1) - (m_2 - a_2)}, & \text{其他} \end{cases} \quad (5\text{-}13)$$

其中,h 是 $\mu_{\tilde{x}_1}$ 和 $\mu_{\tilde{x}_2}$ 之间最高交点 D 的横坐标,如图 5.2 所示。

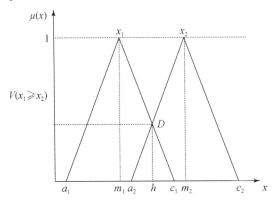

图 5.2 三角模糊数 $\tilde{x}_1$ 和 $\tilde{x}_2$ 的交点示意图[8]

为了比较 $\tilde{x}_1$ 和 $\tilde{x}_2$,同时需要 $V(\tilde{x}_1 \geqslant \tilde{x}_2)$ 和 $V(\tilde{x}_2 \geqslant \tilde{x}_1)$ 的值。而一个凸模糊数大于其他 p 个凸模糊数 $\tilde{x}_i(i=1,2,\cdots,p)$ 的可能性的程度定义为

$$V(\tilde{x} \geqslant \tilde{x}_1, \tilde{x}_2, \cdots, \tilde{x}_p) = V[(\tilde{x} \geqslant \tilde{x}_1) \text{和}(\tilde{x} \geqslant \tilde{x}_2) \text{和} \cdots \text{和}(\tilde{x} \geqslant \tilde{x}_p)] = \min(V(\tilde{x} \geqslant \tilde{x}_i))$$
$$(5\text{-}14)$$

因此,根据上述三角程度分析,第 i 行因素或子因素的清晰权重如式(5-15)所示:

$$w'_i = \min(V(\tilde{w}_{\mathrm{tri},i} \geqslant \tilde{w}_{\mathrm{tri},p})) \quad p=1,2,\cdots,n, p \neq i \quad (5\text{-}15)$$

式中,w'_i 是第 i 行因素或子因素的清晰权重,是一个非模糊数。所以,清晰权重向量如式(5-16)所示:

$$W' = (w'_1, w'_2, \cdots, w'_n) \quad (5\text{-}16)$$

最后进行标准化处理后,因素 $A(W_{\mathrm{tri}})$ 及子因素 $B_i(W_{\mathrm{tri},B_i})$ 的标准清晰权重向量按式(5-17)和式(5-18)分别定义:

$$W_{\mathrm{tri}} = (w_{\mathrm{tri},B_1}, w_{\mathrm{tri},B_2}, w_{\mathrm{tri},B_3}, w_{\mathrm{tri},B_4}) \quad (5\text{-}17)$$

$$W_{\mathrm{tri},B_i} = (w_{\mathrm{tri},C_{i1}}, w_{\mathrm{tri},C_{i2}}, \cdots, w_{\mathrm{tri},C_{ik}}) \quad (5\text{-}18)$$

根据上述模糊权重与清晰权重的计算方式,针对 5.2 节定义的指标体系,锂离子电池热失控危险性多参数评价中对比矩阵的一致性检验结果及权重计算结果见表 5.8。

表 5.8　一致性检验及权重计算结果

参数	模糊权重向量 $\widetilde{W}$	清晰权重 w	最大特征值 λ_{max}	一致性
B_1	(0.103, 0.151, 0.242)	0.068		
B_2	(0.201, 0.340, 0.543)	0.386	4.072	一致(CR=0.027)
B_3	(0.179, 0.292, 0.471)	0.328		
B_4	(0.134, 0.217, 0.362)	0.219		
C_{11}	(0.300, 0.400, 0.571)	0.316	2.021	一致(无需计算 CR)
C_{12}	(0.400, 0.600, 0.857)	0.684		
C_{21}	(0.288, 0.458, 0.696)	0.558		
C_{22}	(0.156, 0.220, 0.338)	0.097	3.036	一致(CR=0.031)
C_{23}	(0.205, 0.322, 0.506)	0.345		
C_{31}	(0.400, 0.600, 0.857)	0.684	2.021	一致(无需计算 CR)
C_{32}	(0.300, 0.400, 0.571)	0.316		
C_{41}	(0.400, 0.600, 0.857)	0.684	2.021	一致(无需计算 CR)
C_{42}	(0.300, 0.400, 0.571)	0.316		

5.3.3　评价等级划分确定

　　本节采取模糊评价法对锂离子电池热失控危险进行评估。本章将危险程度分为五个等级:非常危险(very dangerous, VD)、危险(dangerous, D)、中等(medium, M)、安全(safe, S)、非常安全(very safe, VS)。其语义变量转换为三角模糊数的对应规则见表 5.9 和图 5.3。

表 5.9　五级评价等级的语义变量及对应三角模糊数[8]

危险程度语义变量	三角模糊数	危险程度语义变量	三角模糊数
VD	(7, 17/2, 10)	S	(1, 5/2, 4)
D	(5, 13/2, 8)	VS	(0, 3/2, 3)
M	(3, 9/2, 6)		

　　根据 5.1 节的分析,表 5.10 列出了本章中 9 个子因素的五级危险程度及其参数的数值范围。

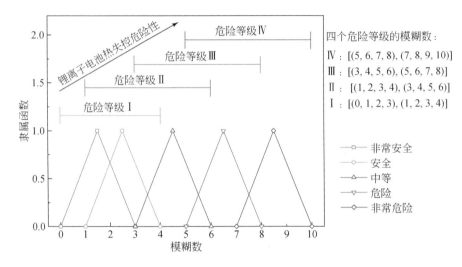

图 5.3　热失控危险性因素、子因素危险程度及热失控危险等级[8]

表 5.10　参数危险程度及对应数值范围

参数	危险程度				
	VS	S	M	D	VD
表面最高温度 C_{11}/℃[9-11]	<290	[290,450]	[450,650]	[650,750]	>750
热失控触发时间 C_{12}/s[9,12]	>300	[180,300]	[60,180]	[30,60]	<30
气体爆炸下限 C_{21}/%[13,14]	>45	[21,45]	[9,21]	[5,9]	<5
气体毒性(毒物危害指数 THI)C_{22}[18]	<1	[1,35]	[35,50]	[50,65]	>65
气体冲击压力危险性 C_{23}	<LD_1	[LD_1,LD_{10}]	[LD_{10},LD_{50}]	[LD_{50},LD_{90}]	>LD_{90}
喷射物最大高度/长度 C_{31}(无量纲)	<0.5	[0.5,1]	[1,3]	[3,5]	>5
喷射物最高温度 C_{32}/℃	<250	[250,400]	[400,600]	[600,700]	>700
固体粉末粒径 C_{41}/μm	>100	[50,100]	[20,50]	[15,20]	<15
固体粉末毒性(毒物危害指数 THI)C_{42}[18]	<1	[1,35]	[35,50]	[50,65]	>65

　　将收集到子因素的信息与表 5.10 中参数的数值范围进行比较,确定不同的危险程度,并根据表 5.9 获得不同的评价三角模糊数。所以,因素 B_i 的三角模糊评估向量如式(5-19)所示:

$$\widetilde{F}_{tri,B_i} = (\widetilde{f}_{tri,C_{i1}}, \cdots, \widetilde{f}_{tri,C_{ij}}, \cdots, \widetilde{f}_{tri,C_{ik}}) \qquad (5-19)$$

式中,$\widetilde{f}_{tri,C_{ij}}$ 为子因素 C_{ij} 的三角模糊评估数。因此,因素 B_i 的三角模糊评估数可以由权重与子因素的三角模糊评估数的乘积得到,如式(5-20)所示:

$$\widetilde{f}_{\mathrm{tri},B_i} = \sum_{j=1}^{k} (w_{\mathrm{tri},C_{ij}} \otimes \widetilde{f}_{\mathrm{tri},C_{ij}}) \tag{5-20}$$

式中，$\widetilde{f}_{\mathrm{tri},B_i}$ 为因素 B_i 的三角模糊评估数；$w_{\mathrm{tri},C_{ij}}$ 为因素 C_{ij} 的去模糊化的权重。因此 A 的三角模糊评估向量可进一步由式(5-21)得到：

$$\widetilde{F}_{\mathrm{tri}} = (\widetilde{f}_{\mathrm{tri},B_1},\widetilde{f}_{\mathrm{tri},B_2},\widetilde{f}_{\mathrm{tri},B_3},\widetilde{f}_{\mathrm{tri},B_4}) \tag{5-21}$$

最后，根据因素 B_i 的去模糊化权重，可以得到 A 的危险程度三角模糊评估数，如式(5-22)所示：

$$\widetilde{Z}_{\mathrm{tri}} = \sum_{i=1}^{n} (w_{\mathrm{tri},B_i} \otimes \widetilde{f}_{\mathrm{tri},B_i}) \tag{5-22}$$

将 A 的危险程度三角模糊评估数与图 5.3 或表 5.11 对比分析，即可以得到最终的危险等级。

表 5.11 锂离子电池热失控危险等级表

危险等级	描述	三角模糊数危险程度
Ⅳ	锂离子电池发生热失控后非常危险	$(5,13/2,8) \leqslant \widetilde{Z}_{\mathrm{tri}} \leqslant (7,17/2,10)$
Ⅲ	锂离子电池发生热失控后比较危险	$(3,9/2,6) \leqslant \widetilde{Z}_{\mathrm{tri}} \leqslant (5,13/2,8)$
Ⅱ	锂离子电池发生热失控后危险	$(1,5/2,4) \leqslant \widetilde{Z}_{\mathrm{tri}} \leqslant (3,9/2,6)$
Ⅰ	锂离子电池发生热失控后安全	$(0,3/2,3) \leqslant \widetilde{Z}_{\mathrm{tri}} \leqslant (1,5/2,4)$

5.4 实 例 分 析

为了检验评价方法的有效性并进行针对性的实例分析，本章选取了典型过程中锂离子电池的热失控进行危险性分析。典型滥用条件是指将 100% SOC 电池垂直放置，以 400W 的加热功率及 300℃的环境温度，在空气中加热至热失控。相关的危险性参数结果采用本章的数据，否则将参考公开文献中的数据。

表 5.12 是典型过程中锂离子电池热失控危险性参数统计表，根据相关参数的危险程度，结合表 5.10 和表 5.9 确定了各自的危险程度和三角模糊数。

表 5.12 锂离子电池热失控危险性参数统计及三角模糊数

参数	典型过程相关参数数据	危险程度	三角模糊数
表面最高温度 C_{11}/℃	676.5	D	$(5,13/2,8)$

参数	典型过程相关参数数据	危险程度	三角模糊数
热失控触发时间 C_{12}/s	272.9	S	(1,5/2,4)
气体爆炸下限 $C_{21}/\%^a$	5.08	D	(5,13/2,8)
气体毒性(毒物危害指数 THI)$C_{22}{}^b$	77	VD	(7,17/2,10)
气体冲击压力危险性 C_{23}	$[LD_1,LD_{10}]$	S	(1,5/2,4)
喷射物最大高度/长度 C_{31}	4.41	D	(5,13/2,8)
喷射物最高温度 $C_{32}/℃$	566.4	M	(3,9/2,6)
固体粉末粒径 $C_{41}/\mu m$	188.82	VS	(0,3/2,3)
固体粉末毒性(毒物危害指数 THI)$C_{42}{}^c$	49	M	(3,9/2,6)

a:气体爆炸下限数据来自文献[19];

b:气体成分数据来自文献[19],混合物毒性分项危害分值按组成中单物质最高危险分值确定,具体计算见表5.13;

c:混合物毒性分项危害分值按组成中单物质最高危险分值确定,具体计算见表5.14。

表 5.13　热失控气体毒物危害指数

积分指标		文献资料数据	危害分值 (F)	权重系数 (k)
急性吸入 LC_{50}	气体/(cm^3/m^3)	2104.66(大鼠)(一氧化碳)	2	5
	蒸气/(mg/m^3)			
急性经口 $LD_{50}/(mg/kg)$				
急性经皮 $LD_{50}/(mg/kg)$		48(小鼠)(苯)	4	1
刺激与腐蚀性		重度刺激(苯)	3	2
致敏性		无致敏性	0	2
生殖毒性		动物生殖毒性(苯)	3	3
致癌性		Ⅰ类(苯)	4	4
实际危害后果与预后		职业重度病死率≥10%(苯)	4	5
扩散性(常温或工业使用时状态)		气态	4	3
蓄积性(或生物半减期)		无蓄积性	0	1
毒物危害指数		$THI=\sum_{i=1}^{n}(k_i\cdot F_i)=77$		

表 5.14　热失控固体粉末毒物危害指数

积分指标	文献资料数据	危害分值 (F)	权重系数 (k)
急性经口 $LD_{50}/(mg/kg)$	525(大鼠)(碳酸锂)	3	5
刺激与腐蚀性	中等刺激性(碳酸锂)	2	2
致敏性	皮肤过敏(镍)	3	2
生殖毒性	动物生殖毒性(锂盐)	2	3
致癌性	2B 类(镍,钴)	2	4
实际危害后果与预后	器质性损害(粉末炭)	2	5
扩散性(常温或工业使用时状态)	固态,扩散性低	0	3
蓄积性(或生物半减期)	无蓄积性	0	1
毒物危害指数	$THI = \sum_{i=1}^{n}(k_i \cdot F_i) = 49$		

根据表 5.12 中确定的三角模糊数,结合表 5.8 中已经计算出的各子因素 C_{ij} 的清晰权重,可以按式(5-20)计算因素 B_i 的三角模糊数,并判断危险程度,见表 5.15。

表 5.15　因素 B_i 的三角模糊数及危险程度表

因素	三角模糊数	危险程度
B_1	$(2.3,3.8,5.3)$	$\langle S,M \rangle$
B_2	$(3.8,5.3,6.8)$	$\langle M,D \rangle$
B_3	$(4.4,5.9,7.4)$	$\langle M,D \rangle$
B_4	$(0.9,2.4,3.9)$	$\langle VS,S \rangle$

再根据表 5.15 中确定的三角模糊数,结合表 5.8 中已经计算出的各因素 B_i 的清晰权重,可以按式(5-22)计算 A 的最终三角模糊评估数为

$$\widetilde{Z}_{tri} = (3.3, 4.8, 6.3) \qquad (5-23)$$

因此,根据表 5.11,$(3,9/2,6) \leqslant \widetilde{Z}_{tri} = (3.3,4.8,6.3) \leqslant (5,13/2,8)$,且根据图 5.4,可以共同判断典型过程条件下锂离子电池热失控危险等级为Ⅲ级:锂离子电池发生热失控后比较危险。

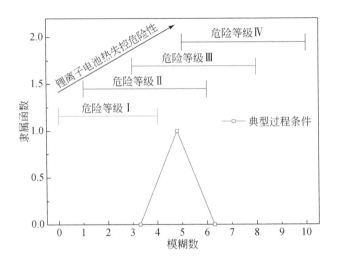

图 5.4　锂离子电池热失控危险性多参数三角模糊层次分析评价法

5.5　本章小结

　　针对评估锂离子电池热失控危险性的目的,本章采用了模糊层次分析法与模糊评价法。首先建立了针对多后果参数的评价模型(层级指标体系),进而使用三角模糊数的方法搭建了相应的对比矩阵,之后计算了各参数在热失控危险特性中的权重,最终采取模糊评价法与模糊层次分析法的权重相结合完成了锂离子电池热失控危险性的评估。为了检验评价方法的有效性,本章选择了典型过程条件下热失控的锂离子电池进行危险性分析,确定了各参数的危险评价范围,并进行了相应的分析和计算。典型过程条件是相对较为苛刻的一种滥用条件,电池在这种情况下发生热失控后,后果一般比较严重。按照本评价方法进行分析后,判断典型过程条件下锂离子电池热失控危险等级为Ⅲ级;锂离子电池发生热失控后比较危险。因此,根据多参数评价方法模型所分析的锂离子电池热失控危险性,与实际危险性较吻合,表明该多参数评价体系是相对有效的。

　　与以前的锂离子电池危险性评估方法相比,本章所提出的参数评价方法的创新在于:

　　(1)全面、系统、整体地评价热失控危险性。

　　(2)以热失控后果为导向,经过实验获取参数数据并结合理论方法确定危险性,具有通用性和动态性。可以建立一个评价系统,对任意类型、品牌、状态下的锂离子电池进行危险性评价,形成评价体系,确定危险等级。

（3）可以根据评价确定的子因素的优先级（权重）来确定重点防护的危险参数。

以本节为例，根据表 5.8，锂离子电池热失控危害中，气体危险性及喷射火焰和高温混合物的危险性相对较高，在这两个危险因素中，气体爆炸下限和喷射物最大高度／长度又是权重相对最大的两个参数。所以，在工程应用时，对于锂离子电池热失控危险性的防护，应重点关注热失控气体可能发生的爆炸，以及热失控喷射火焰和高温混合物对周围人员和设备的伤害。

在后续的研究中，可以根据实际的需要，建立一个锂离子电池热失控危险参数数据库，并开发相应的评价软件，以提高模糊数计算的效率。同时，根据实际实验的需要，开发一个成套的、自动化程度高的测试装置系统，以方便、快捷地获得相关参数的数据值。

热失控的发生机理、危害和防控至今还是一个尚未完全明晰的研究，评价方法中采用的参数和权重值也应根据研究的不断深入而进行优化，以期获得更加准确和合理的危险等级值。本章采用的评价结果在现阶段范围内可为锂离子电池热失控危险性判断和分级提供合理的指导。

参 考 文 献

[1] Saaty T L. A scaling method for priorities in hierarchical structures[J]. J Math Psychol, 1977,15:234-281.

[2] Saaty T L. The Analytic Hierarchy Process: Planning, Priority Setting, Resources Allocation[M]. London:McGraw-Hill,1980.

[3] Cengiz K, Ufuk C, Ziya U. Multi-criteria supplier selection using fuzzy AHP[J]. Log Inform Manag,2003,16:382-394.

[4] Gurcanli G E, Mungen U. An occupational safety risk analysis method at construction sites using fuzzy sets[J]. Int J Ind Ergonom,2009,39:371-387.

[5] Dağdeviren M, Yüksel İ. Developing a fuzzy analytic hierarchy process (AHP) model for behavior-based safety management[J]. Inform Sciences,2008,178:1717-1733.

[6] Wang Y, Yang W, Li M,et al. Risk assessment of floor water inrush in coal mines based on secondary fuzzy comprehensive evaluation[J]. Int J Rock Mech Min,2012,52:50-55.

[7] Chang D Y. Applications of the extent analysis method on fuzzy AHP[J]. Eur J Oper Res, 1996,95:649-655.

[8] Song Z Y, Zhu H Q, Jia G W,et al. Comprehensive evaluation on self-ignition risks of coal stockpiles using fuzzy AHP approaches[J]. J Loss Prev Process Ind,2014,32:78-94.

[9] Fu Y Y, Lu S, Li K Y,et al. An experimental study on burning behaviors of 18650 lithium ion batteries using a cone calorimeter[J]. J Power Sources,2015,273:216-222.

[10] Chen W C, Li J D, Shu C M,et al. Effects of thermal hazard on 18650 lithium-ion battery

under different states of charge[J]. J Therm Anal Calorim,2015,121:525-531.

[11] Liu J J, Wang Z R, Gong J H,et al. Experimental study of thermal runaway process of 18650 lithium-ion battery[J]. Materials,2017,10:230.

[12] Ouyang D X, Chen M Y, Wang J. Fire behaviors study on 18650 batteries pack using a cone-calorimeter[J]. J Therm Anal Calorim,2019,136:2281-2294.

[13] Baird A R, Archibald E J, Marr K C,et al. Explosion hazards from lithium-ion battery vent gas[J]. J Power Sources,2020,446:227257.

[14] Li W F, Wang H W, Zhang Y J,et al. Flammability characteristics of the battery vent gas: a case of NCA and LFP lithium-ion batteries during external heating abuse[J]. J Energy Storage,2019,24:100775.

[15] Hammami A, Raymond N, Armand M. Lithium-ion batteries: runaway risk of forming toxic compounds[J]. Nature,2003,424(6949):635-636.

[16] Larsson F, Andersson P, Blomqvist P,et al. Toxic fluoride gas emissions from lithium-ion battery fires[J]. Sci Rep,2017,7:10018.

[17] Sun J, Li J G, Zhou T,et al. Toxicity, a serious concern of thermal runaway from commercial Li-ion battery[J]. Nano Energy,2016,27:313-319.

[18] 中华人民共和国卫生部. 职业性接触毒物危害程度分级:GBZ 230—2010[S]. 北京:中国标准出版社,2010.

[19] Chen S C, Wang Z R, Wang J H,et al. Lower explosion limit of the vented gases from Li-ion batteries thermal runaway in high temperature condition[J]. J Loss Prev Process Ind, 2020,63:103992.

第6章 热失控产物测试技术展望

锂离子电池热失控的过程复杂、表征参数多、产物形式多样,因此,针对不同过程、参数和产物,可以有针对性地进行不同的测试。除了常规的电化学、温度、压力、物质成分等测试外,有越来越多的先进测试技术被运用于热失控过程和产物的测试。

6.1 电子显微技术

以 SEM 和原子力显微镜(atomic force microscope, AFM)为代表的电子显微技术,可以观察电池热失控固体产物和残留物的微观形态,进行热失控反应前后的形貌变化分析。SEM 是以电子束作为观察物体的照明源,将聚焦得很细的电子束以光栅状扫描方式照射到待测样品上,通过电子与待测样品的相互作用,产生二次电子、背散射电子等,然后加以收集和处理从而获得微观形貌放大像。采用 SEM 测量形貌特征,立体感和反差度较强,分辨率高,景深大,且放大倍数在大范围内连续可调试,可进行动态观察,但应使用低加速电压以避免破坏样品表面。AFM 的工作原理是将一个对极微弱力极敏感的微悬臂一端固定,使用另一端一个微小的针尖与样品表面轻轻接触。针尖尖端原子与样品表面原子间存在极微弱的排斥力,如果在扫描时控制这种作用力恒定,带有针尖的微悬臂将对应于原子间的作用力的等位面,在垂直于样品表面方向上起伏运动。利用光学检测法或隧道电流检测法,可测得对应于扫描各点的位置变化,将信号放大与转换从而得到样品表面原子级的三维立体形貌图像。AFM 不会破坏样品表面,也有更好的结构解析度,样品无需导电,能在多种环境(如真空、大气、液体、低温等)下工作,能得到物体表面的高分辨三维像。

Zhu 等[1]对不同 SOC、不同正极材料和不同形状的锂离子电池进行了过热行为和热失控分析,并对热失控反应后的残骸电极进行了 SEM 分析。首先,图 6.1 展示了显示了热失控后 LFP 和 NCM 软包电池的热失控反应物残骸。可以看出,具有不同正极和 SOC 的锂离子软包电池表现出不同的结果。热失控后,所有电池都表现出严重的变形和肿胀,其原有的平面形状不复存在。可以从图上清楚地看到电池热失控的严重程度。

对于 LFP 电池,在受热失控后,正极和负极电极粘在一起而变脆。经过仔细

(a)0%
SOC LFP软包电池

(b)50%
SOC LFP软包电池

(c)100%
SOC LFP软包电池

(d)100%
SOC NCM软包电池

图 6.1　热失控后的电池样品

拆卸后,仍然可以识别出覆盖有烧焦电极材料的 Al 和 Cu 集流体。但是烧焦的干燥的电极涂层很容易从集流体上剥离,表明氟化物黏合剂在热失控时已经完全分解或参与了放热反应(如锂化碳与氟化物黏合剂的反应)[2]。隔膜是电池重要的组成部分,在残骸中已经完全消失。因此,在热失控期间,电池内部的温度必然超过聚乙烯-聚丙烯(PE-PP)基隔膜的熔点(约 150℃)。铝塑包装的损坏,证明 SOC 对电池热失控反应的影响也很明显。被烧毁的电池都具有更高的 SOC,并经历了严重的热失控[图 6.1(c1)和(d1)]。在较低的 SOC 下,电池的外包装袋仅出现变形,包装完好无损,没有发黑的迹象[图 6.1(a1)]。图 6.1(d)显示了热失控后 NCM 软包电池和内部堆叠电极的图片。与 LFP 电池不同,NCM 电池的铝塑包装变形更严重,电池表面出现许多黑点。这些黑点是铝塑薄膜包装表面有机物质燃烧的产物。在高温下,有机物熔化并聚集在一起,最终在燃烧后形成黑点。此外,如图6.1(d2)所示,已经无法从烧坏的电极中辨别出 Al 集流体。它们已被完全氧化并形成银灰色灰烬,表明发生热失控时电池内部的放热反应很强烈,内部温度达到了铝箔的熔点(约 660℃)。可见,具有相同正极的锂离子电池的热失控反应随着SOC 的增加而严重。在相同的 SOC 条件下,NCM 锂离子电池的热失控反应比LFP 锂离子电池更严重,危害更大。

　　为了进一步研究热失控特征和电极形貌的变化,在热失控前后从新鲜电池和烧毁的电池的电极中获取电极碎片,然后转移到 SEM 中进行测试,结果如图 6.2所示。

　　图 6.2(a)展示了 0% SOC 新鲜 LFP 软包电池电极的形态。在正极侧,正极活性材料的球形团簇清晰可见。然而,在正极表面也发现了许多较大的银白色球形团簇,比正极材料中的球形团簇要大,表面覆盖着花瓣状的树突,不光滑。实际

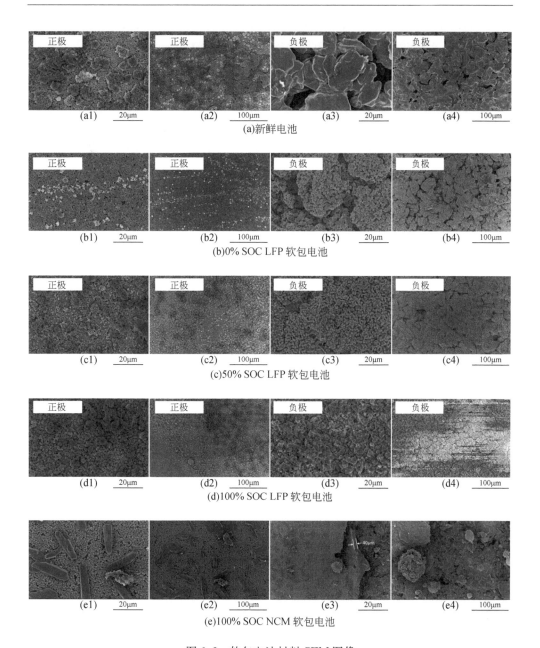

图 6.2　软包电池材料 SEM 图像

上,电池的电解液中含有一些盐,这些盐通常不会挥发。因此,当潮湿的正极表面上的电解液蒸发时,正极表面上会留下一些固体。在负极侧,鳞片状的石墨颗粒堆叠在一起,还观察到许多不规则的孔洞。此外,在鳞片状石墨颗粒上也可以看到一些小的银白色颗粒。图 6.2(a) 中的新鲜电池是在空气中拆解的。尽管电池的 SOC 为 0%，但负极电极处嵌入的少量锂仍然可以暴露在空气中并与空气反应生成 Li_2O、$LiOH$、Li_3N、Li_2CO_3 等物质[3]。因此，可以推测石墨表面的小银白色颗粒是嵌入的锂与空气反应的产物，如图 6.2(a1) 和 (a3) 所示。

　　图 6.2(b)~(d) 展示了热失控后 0% SOC、50% SOC 和 100% SOC 的 LFP 软包电池电极的 SEM 测试结果。对于图 6.2 中的正极，在热失控后，其表面覆盖着灰白色絮状物。但这些絮状物并不是均匀地分布在正极的表面上，有些地方很厚，有些地方很薄。根据这些物质的形态，可以推测这些物质是高温条件下分解的隔膜。在大约 150℃ 时，隔膜会收缩并结块在一起。热失控发生后，隔膜随着温度的升高而分解。PE-PP 基聚合物的分解温度在 300℃ 以上。因此，正极的表面覆盖着分布不均匀的絮状物质似乎是合理的。在 50% 和 100% SOC 时，表面絮凝物数量显著增加，出现一些颜色较深的片状和球形絮凝体。这表明在高 SOC 下，热失控时电池内部的反应温度较高，隔膜的结块和分解反应更加激烈。对于图 6.2 中的负极，在热失控后石墨负极表面观察到许多球形颗粒，并且这些球形颗粒的表面覆盖着较小的立体颗粒。石墨负极原有的层状多孔结构已经消失，孔隙被这些球形颗粒所堵塞。实际上，这些立体颗粒主要与发生热失控时负极侧的放热反应有关。一方面，在较高的温度下，插层碳可以与电解液反应形成 Li_2CO_3[2,4]。当温度高于 120℃ 时，亚稳态的 SEI 膜会分解[2,4]。如果没有 SEI 膜的保护，插层碳和电解液之间会发生放热反应。另一方面，随着温度的升高（约 290℃），锂化碳将与氟化物黏合剂反应形成 LiF[2,4]。因此，可以推测，这些覆盖石墨负极表面的球形颗粒的出现主要是由插层碳与电解液的反应，以及锂化碳与氟化物黏合剂的反应引起的。此外，随着 SOC 的增加，石墨负极表面的立体颗粒变得更小、更致密，这表明在较高的 SOC 下，参与反应的物质更多，产生的立体颗粒就更多。因此，热失控反应更为严重。图 6.2(e) 展示了 100% SOC 的 NCM 软包电池电极的 SEM 图像。可见，正极活性材料的球形团簇结构[3]和石墨的鳞片结构已被完全破坏，正极和负极结合在一起，很难被识别，也可以通过图 6.1(d2) 所观察到。与 LFP 电池电极的 SEM 图像相比，NCM 电池电极表面存在许多杂质和碎屑。这些杂质和碎屑的形状不规则，有些是矩形的，有些是球形的。表面的碎屑是混乱的，这也可以在图 6.1(d2) 中得到验证。当发生热失控时，NCM 电池的最高温度更高，并且正极电极的 Al 集流体已完全氧化并附着在负极侧。因此，如图 6.2(e) 所示，在电极的 SEM 图像中观察到大量碎屑是合理的。可以推测这些碎片包括正极材料的碎片，正极材料和隔膜的残骸，放热反应的产物以及剥落的石墨。此外，在更大的大面积上，还发现电极表面覆盖着一层致密而脆的层状物，如图 6.2(e3) 所示。该层状物的厚度约为 40μm。在某些区域，可以观察到该层下方有鳞片状石墨颗粒。因此，

可以推测该层状物是一个完全氧化的 Al 集流体。图 6.2(e4)展示了电极的另一个微小区域。从基底层的结构来看,这是负极活性材料的涂层。与新鲜电池的正极活性材料涂层相反,经历热失控的电极孔洞已被热失控反应的产物完全堵塞,正极活性材料完全失效。总之,NCM 电池的热失控反应对电极的损伤更为严重。

6.2　成分分析技术

以能量色散 X 射线谱分析(EDS)、X 射线光电子能谱分析(XPS)技术为代表的成分分析技术,可以分析电池热失控固体产物和残留物的元素组成,热失控反应前后的成分变化。EDS 的工作原理是在真空室下用电子束轰击待测样品表面,激发物质发射出特征 X 射线,根据特征 X 射线的波长,定性与半定量分析元素周期表中 B~U 的元素,EDS 可提供样品表面的微区定性或半定量的成分元素分析,EDS 通常和 SEM 配合使用,从而可以确定电池材料 SEM 图像上特征物的组成成分,通过面扫可以确定图像范围内各种元素的分布情况,达到追踪表面物质成分持续变化情况的目的。EDS 探测 X 射线的效率很高,在同一时间可以对分析点内所有元素 X 射线光子的能量进行测定和计数,在几分钟内可得到定性分析结果,测量时不必聚焦,对待测样品表面也无特殊要求。XPS 的工作原理是基于光电离作用,使用一束光子辐照到待测样品表面,光子可以被样品中某一元素的原子轨道上的电子所吸收,使得该电子脱离原子核的束缚,以一定的动能从原子内部发射出来,变成自由的光电子,而原子本身则变成一个激发态的离子,而 XPS 采用的 X 射线激发源的能量较高,可以激发出芯能级上的内层轨道电子,其出射光电子的能量仅与入射光子的能量及原子轨道结合能有关。因此,对于特定的单色激发源和特定的原子轨道,其光电子的能量是特定的。当固定激发源能量时,其光电子的能量仅与元素的种类和所电离激发的原子轨道有关。通过测量光电子的动能,即可求出该电子在原子中的结合能。根据结合能的位置及强度,我们可以对材料进行定性及定量的分析。XPS 技术可以通过引入环境腔实现原位测量,分析元素的种类和价态,观察相关反应导致的材料成分变化情况。

Mele 等[5]在锥形量热仪中对 18650 型电池进行了热失控测试,并对热失控前后的电池成分进行了 SEM-EDS 联用测试,以分析电池成分的变化情况。图 6.3 和图 6.4 分别展示了新鲜电池和热失控测试后电池电极的 SEM-EDS 分析结果。在新鲜电池和热失控电池的电极上对相同尺寸的多个区域进行了 EDS 分析,相应分析的区域用图 6.3(a)和(b)和图 6.4(a)和(b)中的框来表示。

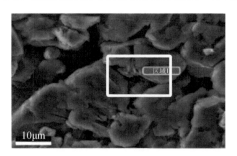

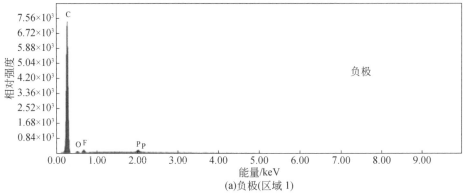

(a)负极(区域1)

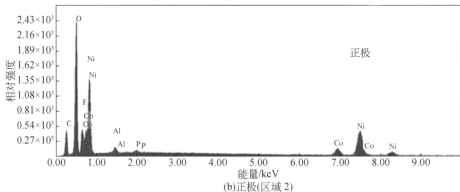

(b)正极(区域2)

图 6.3 新鲜电池电极 SEM-EDS 分析结果(5000 倍)

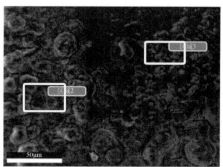

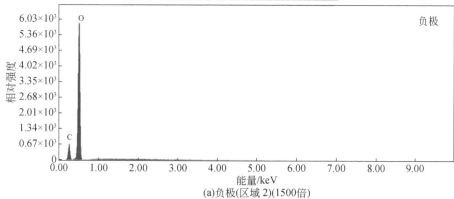

(a)负极(区域 2)(1500倍)

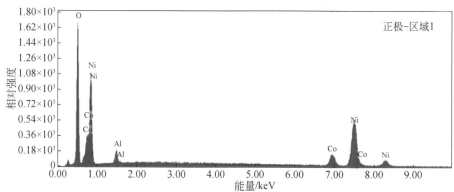

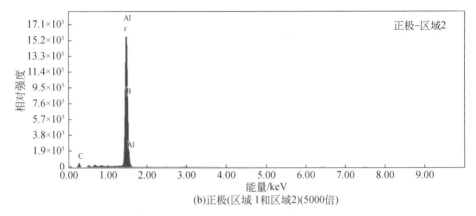

(b)正极(区域1和区域2)(5000倍)

图 6.4　热失控后电池电极 SEM-EDS 分析结果

对于新鲜电池的负极,主峰是碳,石墨颗粒均匀地分布在电极表面上,如图 6.3 所示。也可以见到氟和磷的痕迹,这可以归因于微量的 $LiPF_6$ 溶解在电解液中。对于正极,分析结果揭示了镍、钴、铝和氧的存在,这些都是正极活性材料的全部成分,这表明混合的锂氧化物颗粒均匀分布在集电极表面上。

图 6.4 展示的是锥形量热仪热失控测试后电池电极的 SEM-EDS 分析结果,负极除碳外还含有大量的氧,这证实了碳酸锂的形成。对于正极,观察到在某些区域[图 6.4(b)中的区域1]存在活性材料的所有组分,但在其他区域[图 6.4(b)的区域2]仅观察到 Al 峰,并且相应正极材料成分的信息却不足。这是热失控的结果,且 Al 集流体有部分没有参与热失控反应。这也可以由图 6.5 清楚地展示,其中两个正极层(集流体和活性材料)在锥形量热仪热失控测试后在电池残骸中明显彼此发生分离。

图 6.5　热失控后电池正极的 SEM 图像(1000 倍)

通过比较锥形量热仪热失控测试前后电极的 SEM 图像,可以清楚地看到两个电极的表面并不均匀(图 6.6)。可以明显看出电极原始晶格结构发生破坏,这是由于在热失控测试中电池经历了严酷的环境,而改变了原始晶格结构,使得颗粒重新发生了无序分布,负极的颗粒可以发生化学反应,而正极的颗粒的排列可能会变得无序[6]。

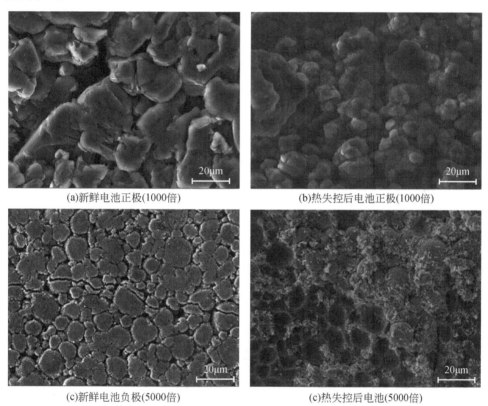

(a)新鲜电池正极(1000倍)　　　　　　　(b)热失控后电池正极(1000倍)

(c)新鲜电池负极(5000倍)　　　　　　　(c)热失控后电池(5000倍)

图 6.6　SEM 图像

6.3　原位测试技术

以 X 射线计算机断层扫描(CT)为代表的原位测试技术已成为锂离子电池研究中的强大分析工具。CT 可以在不破坏样品的情况下,利用样品对射线能量的吸收特性对生物组织和工程材料的样品进行断层成像,由此获取样品内部的结构信息。在宏观层面上,CT 可用于捕获锂离子电池的设计参数和缺陷。在微观结构水平上,CT 在锂离子电极结构的定量分析中可以发挥重要作用。在电池热失控的过程中,可以从连续层析图中提取电池水平切片,获得材料或电极结构的变化信息。在电池热失控结束后,对电池整体进行扫描,可以观察内部降解和烧毁的情况,以及组件的完整度情况。

Li 等[7]采用 CT 仪和多信号同步法对 18650 型电池进行热失控的测试和早期预测研究。实验采用自制的加热容器,同时使用 CT 仪分析被测电池的微观结构和形貌。图 6.7(a)展示了在热失控前,较低温度(≤140℃)时,发生安全阀弹出后电池的图像,大量浅蓝色塑料材料从电池顶部弹出并凝固。根据弹出时的温度和电池的成分可以推测,塑料材料主要是在升温过程中熔化的 PE 隔膜。图 6.7(b)展示了热失控电池遭受了严重的燃烧过程,伴随着气体释放,产生烟雾、火焰和爆炸。可以清楚地发现,电池表面的绝缘外包装已经被烧毁,电池顶部完全损坏,喷射出大量黑色粉末。已有很多文献通过分析不同热失控过程中黑色粉末的化学成分的变化,研究了电化学和化学反应机理,但无法揭示热失控在电池内部起始的位置。由于热失控电池遭受了严重的破坏,很难通过观察其内部结构寻找热失控的发展路径。因此,使用 CT 这种无损检测的技术,可以以 10μm 的分辨率仔细观察安全阀弹出后电池的内部结构,发现有关热失控机理的一些新信息。具体地,图 6.8(a)显示了距离新鲜电池底部 20mm、30mm、40mm 的横向截面和垂直截面的 CT 图像;图 6.8(b)分别显示了距离安全阀弹出后电池底部 20mm、30mm、40mm

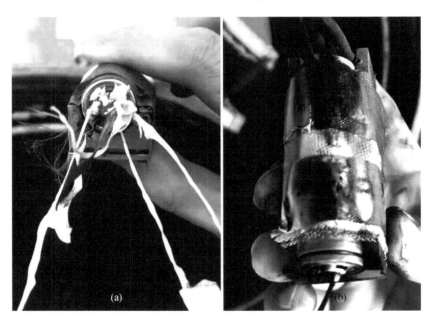

图 6.7　安全阀弹出后(a)和热失控后(b)的电池图片

处横向截面和垂直截面 CT 图像。可以清楚地观察到,图 6.8(a)中电池内部的规律性的结构没有任何损坏,隔膜和电极保持紧密的接触,电极片保持着初始设计的形状。与上述情况不同的是,安全阀弹出后,靠近电池中心轴的结构遭受了严重的损坏,但损坏区域仅限于直径约 6mm 的相对较小的圆柱形区域。图 6.8(c)展示了对应于图 6.8(b)中的受损区域的 CT 放大图像。电极片圆形结构已经严重损坏和变形,活性物质已经从电极片表面剥落。而且,该现象在被破坏区域的中心位置

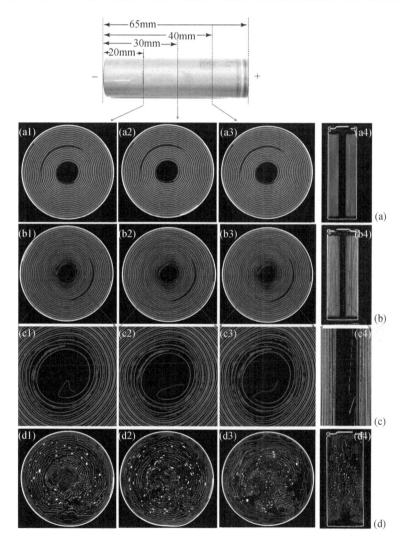

图 6.8　电池的横向及垂直 CT 图像:(a)新鲜电池;(b)安全阀弹出后;(c)安全阀出后电池的中心区域放大图;(d)热失控后

显得更为突出,但电池外壳层附近的结构仍保持良好完整。通过比较图 6.8(c1)、(c2)和(c3),对比距电池底部 20mm、30mm、40mm 三处的横向截面,可以看出三个部分的损坏程度相同,这意味着热失控沿电池轴向发展的情况是一致的。图 6.8(d)展示了热失控电池的 CT 图像。无论是横向还是垂直方向,都可以发现电池的内部损坏非常严重,导致电极片破裂、金属掉落[图 6.8(d)中的白色颗粒]和活性物质剥落。因此,在该实验的情况下,热失控最初发生在电池轴向的中心区域,然后在热失控过程中均匀产热,最后扩展到电池外壳。

6.4　非消耗性和非侵入性技术

在气体检测方面,拉曼光谱(Raman spectrum)作为一种非消耗性和非侵入性技术,可以同时分析除惰性气体以外的多种气体。拉曼光谱是一种散射光谱,也是一种振动光谱技术。当光照射到物质上发生弹性散射和非弹性散射,弹性散射的散射光是与激发光波长相同的成分,非弹性的散射光有比激发光波长长的和短的成分,统称为拉曼效应。对与入射光频率不同的散射光谱进行分析以得到分子振动、转动方面信息,并应用于分子结构研究。通过光纤增强拉曼信号的强度,可以有效实时监测主要的热失控气体产物,为原位电池状态监测提供新思路。基于红外技术,被动式的红外高光谱成像系统兼具高空间分辨率及高光谱分辨率,可以实时进行气体检测、识别和定量,而且红外高光谱成像技术不需要将热失控气体进行管路导出,可通过校正的镜头实时照射,检测和识别气体,并在图像中进行定位。

Zhang 等[8]在空气和氮气环境中通过外部加热对不同 SOC 的电池进行热失控实验,并使用拉曼光谱技术对热失控产生的混合气体进行原位分析。如图 6.9 和图 6.10 所示,研究发现,在空气环境中热失控后,检测到 CO_2、CO 和一些碳氢化合物,随着 SOC 升高,检测到气体的种类增加。25% 和 50% SOC 的电池热失控可以检测到 CH_4、C_3H_6、H_2 和 CO_2,当 SOC 升高到 75% 和 100% 时,检测到了 CO 和 C_2H_4。与空气环境中不同的是,在氮气环境中,具有 25% SOC 的电池热失控后没有产生 C_3H_6,表明 O_2 在热失控过程中有很重要的作用。随着 SOC 的升高,不同气体的比例有所升高,而碳氢化合物的生成受气体环境影响较小。在空气环境中,热失控生成的可燃气体与 O_2 发生完全或不完全反应,生成 CO_2。因为在热失控过程中,电池内部的材料可以在空气环境中完全氧化,75% 和 100% SOC 的电池在氮气环境中生成的 CO 与 CO_2 的比例比空气中高。

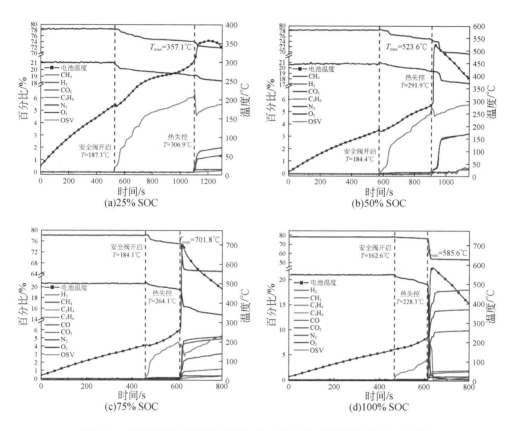

图 6.9　空气环境中温度及主要气体成分变化(彩图请扫封底二维码)

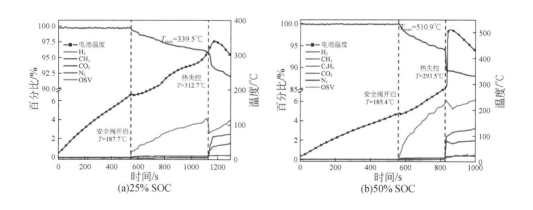

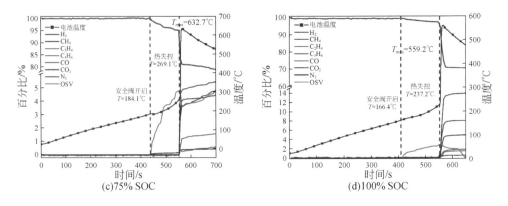

图 6.10　氮气环境中温度及主要气体成分变化(彩图请扫封底二维码)

6.5　电池样品的适应性改造技术

　　除了在锂离子电池热失控过程和产物的测试中采用先进的测试方法进行分析外,待测电池样品的适应性改造也是研究人员努力的方向。锂离子电池由于结构的特点,通常需要将电池封装、密封并加装安全阀后使用,这就阻碍了电池内部的直接观测。相应的过程性参数如内部温度、结构性变化、热失控反应的宏观表象等均无法直接测试和观察。因此,各种针对电池这一特点的改造,可以帮助观察热失控过程中内部材料的变化。

　　一般电池热失控的温度测试集中于电池表面某一点或某一区域的温度或温度分布变化情况,对于电池内部温度往往难以测量。以电阻温度检测器(resistance temperature detector,RTD)为代表的高精度温度传感器可以嵌入三维打印的聚乳酸垫片中,并集成于电池内部,用于原位热监测。并且陶瓷类 RTD 在电池内部恶劣的化学和电化学环境中可以保持稳定。如图 6.11 所示,Parekh 等[9] 使用 Pt1000 RTD 传感器,并将其通过增材制造嵌入由聚乳酸(polylactic acid,PLA)组成的 3D 打印间隔条中。在 PLA 垫片周围缠绕一条铜条,以确保负极的电子导电性。将带有铜带的垫片放置在负极盖中,负极放置在中心,然后是电解液、隔膜、LCO 正极、不锈钢垫片和弹簧。使用正极盖封闭组件,并压紧以确保组件之间的紧密接触。该方法实现了感测电极热的新方式,从而减轻了电池运行中与传感器的相互干扰。

　　另一种思路是将电池内部组件暴露于红外光或可见光观测条件下,将电池一端外壳或电池整体外壳用高透光光学玻璃密封,在可见光下观察电池热失控内部电极变化,并使用红外热成像设备观察内部温度变化。

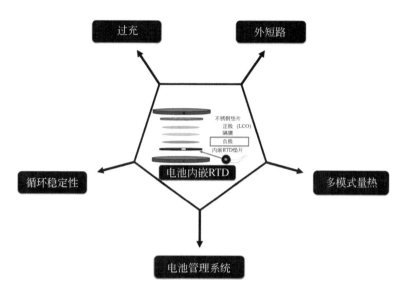

图 6.11 原位 RTD 传感器,可以在模拟热失控测试(如过充电、外部短路和过热)
期间监测电极表面温度

6.6 本 章 小 结

本章主要介绍了热失控产物测试的一些新技术和新方法,包括电子显微技术、成分分析技术、原位测试技术、非消耗性和非侵入性技术和电池样品的适应性改造技术等,这些新技术及新方法在未来可以为更加准确、深入地了解热失控产物种类、生成规律和原理等提供理论依据和技术支撑。

参 考 文 献

[1] Zhu X Q, Sun Z P, Wang Z P, et al. Thermal runaway in commercial lithium-ion cells under overheating condition and the safety assessment method: effects of SoCs, cathode materials and packaging forms[J]. J Energy Storage, 2023, 68: 107768.

[2] Spotnitz R, Franklin J. Abuse behavior of high-power, lithium-ion cells[J]. J Power Sources, 2003, 113(1): 81-100.

[3] Zhu X Q, Wang Z P, Wang Y T, et al. Overcharge investigation of large format lithium-ion pouch cells with Li(Ni$_{0.6}$Co$_{0.2}$Mn$_{0.2}$)O$_2$ cathode for electric vehicles: degradation and failure mechanisms[J]. J Electrochem Soc, 2018, 165(16): A3613-A3629.

[4] Richard M N, Dahn J R. Accelerating rate calorimetry study on the thermal stability of lithium intercalated graphite in electrolyte. I. Experimental[J]. J Electrochem Soc, 1999,

　　　146(6)：2068-2077.

[5] Mele M L，Bracciale M P，Ubaldi S，et al. Thermal abuse tests on 18650 Li-ion cells using a cone calorimeter and cell residues analysis[J]. Energies (Basel)，2022，15(7)：2628.

[6] Ouyang D X，He Y P，Chen M Y，et al. Experimental study on the thermal behaviors of lithium-ion batteries under discharge and overcharge conditions[J]. J Therm Anal Calorim，2018，132(1)：65-75.

[7] Li Y，Wang Q，Lian X X，et al. X-ray computed tomography and simultaneous multi-signal detection for evaluation of thermal runaway of lithium-ion battery[J]. Mater Technol，2022，37(14)：3041-3050.

[8] Zhang Q S，Liu T T，Hao C L，et al. *In situ* Raman investigation on gas components and explosion risk of thermal runaway emission from lithium-ion battery[J]. J Energy Storage，2022，56：105905.

[9] Parekh M H，Li B，Palanisamy M，et al. *In situ* thermal runaway detection in lithium-ion batteries with an integrated internal sensor[J]. ACS Appl Energy Mater，2020，3(8)：7997-8008.